Olga Grigorievna Chouchkova

Étude Comparée de l'enseignement de la géométrie

Olga Grigorievna Chouchkova

Étude Comparée de l'enseignement de la géométrie

Dans l'espace en Russie et au Bénin

Presses Académiques Francophones

Impressum / Mentions légales

Bibliografische Information der Deutschen Nationalbibliothek: Die Deutsche Nationalbibliothek verzeichnet diese Publikation in der Deutschen Nationalbibliografie; detaillierte bibliografische Daten sind im Internet über http://dnb.d-nb.de abrufbar.
Alle in diesem Buch genannten Marken und Produktnamen unterliegen warenzeichen-, marken- oder patentrechtlichem Schutz bzw. sind Warenzeichen oder eingetragene Warenzeichen der jeweiligen Inhaber. Die Wiedergabe von Marken, Produktnamen, Gebrauchsnamen, Handelsnamen, Warenbezeichnungen u.s.w. in diesem Werk berechtigt auch ohne besondere Kennzeichnung nicht zu der Annahme, dass solche Namen im Sinne der Warenzeichen- und Markenschutzgesetzgebung als frei zu betrachten wären und daher von jedermann benutzt werden dürften.

Information bibliographique publiée par la Deutsche Nationalbibliothek: La Deutsche Nationalbibliothek inscrit cette publication à la Deutsche Nationalbibliografie; des données bibliographiques détaillées sont disponibles sur internet à l'adresse http://dnb.d-nb.de.
Toutes marques et noms de produits mentionnés dans ce livre demeurent sous la protection des marques, des marques déposées et des brevets, et sont des marques ou des marques déposées de leurs détenteurs respectifs. L'utilisation des marques, noms de produits, noms communs, noms commerciaux, descriptions de produits, etc, même sans qu'ils soient mentionnés de façon particulière dans ce livre ne signifie en aucune façon que ces noms peuvent être utilisés sans restriction à l'égard de la législation pour la protection des marques et des marques déposées et pourraient donc être utilisés par quiconque.

Coverbild / Photo de couverture: www.ingimage.com

Verlag / Editeur:
Presses Académiques Francophones
ist ein Imprint der / est une marque déposée de
OmniScriptum GmbH & Co. KG
Heinrich-Böcking-Str. 6-8, 66121 Saarbrücken, Deutschland / Allemagne
Email: info@presses-academiques.com

Herstellung: siehe letzte Seite /
Impression: voir la dernière page
ISBN: 978-3-8381-4498-6

Copyright / Droit d'auteur © 2014 OmniScriptum GmbH & Co. KG
Alle Rechte vorbehalten. / Tous droits réservés. Saarbrücken 2014

SOMMAIRE

INTRODUCTION ET PROBLEMATIQUE 5

CHAPITRE 1.VERS UN CADRE THEORIQUE APPROPRIE. 9

1.1 La Théorie Anthropologique du Didactique (TAD) de Chevallard (1992). 9

1.2. La praxéologie 9

1.3 Thème au sens de Chevallard (1999) 10

1.4. Les moments didactiques 11

CHAPITRE 2. TRAVAUX DIDACTIQUES SUR L'ENSEIGNEMENT/APPRENTISSAGE DE LA GEOMETRIE DANS L'ESPACE... 13

2.1. L'importance de l'enseignement de la géométrie aujourd'hui 13

2.2. Les travaux d'Yves CHEVALLARD. 14

2.3 Les problèmes de construction. 16

RESUME 18

3.1 Rapport institutionnel à l'objet «parallélisme dans l'espace» dans l'enseignement supérieur 19

3.1.1. Repères historiques 19

3.1.2. L'enseignement du parallélisme dans l'espace dans le supérieur 20

3.2 Enseignement de la géométrie dans l'espace en classe de seconde C-D au Bénin 23

3.2.1. Programme de la géométrie dans l'espace en classe de seconde C-D 23

3.2.1.1. Présentation du programme 23

3.2.1.2 Analyse praxéologique par rapport au type de tâches: «Représenter un objet de l'espace dans le plan» 25

3.2.2.1. Présentation 26

Les manuels de la Collection Inter Africaine de Mathématique (CIAM) sont des manuels au programme et exploités par la plupart des professeurs de la sixième à la terminale. ... 26

3.2.2.2. Analyse praxéologique 28

3.3 Enseignement du parallélisme dans l'espace en Russie 28

3.3.1 Programme de la géométrie dans l'espace en classe de dixième en Russie 28

3.3.1.1 Présentation des programmes de mathématiques en Russie 28

3.3.1.2 Analyse praxéologique du programme par rapport au type de tâches: «Représenter un objet de l'espace dans le plan».. 33

3.3.2. Etude d'un manuel de cours 33

3.3.2.1. Présentation 33

3.2.2. Analyse praxéologique du manuel 35

SYNTHESE 36

3.4 Ressemblances et différences entre les programmes de géométrie dans l'espace du Bénin et de la Russie 36

3.4.1. Enseignement du parallélisme dans l'espace 36

3.4.1.1. Contenus notionnels du parallélisme dans l'espace 36

3.4.1.2. Représentation dans le plan des objets de l'espace 37

3.4.2. Organisation de l'enseignement 39

3.4.2.1. Les programmes 40

4.1. Le cours suivi 41

4.1.1. Présentation du cours 41

4.1.2. Analyse du cours 43

4.1.2.1. Organisation mathématique 43

4.1.2.2. Organisation didactique 44

4.2. Difficultés des élèves 48

4.2.1. Analyse a priori 48

4.3. Proposition de nouvelle approche de l'enseignement de la géométrie dans l'espace au Bénin 50

REFERENCES BIBLIOGRAPHIQUES 52

ANNEXES 55

Annexe 1.PROGRAMME D'ENSEIGNEMENT DES MATHEMATIQUES (LA GEOMETRIE DANS l'ESPACE) AU BENIN. 55

Annexe 2. LA TRANSCRIPTION DU COURS DE GRIGO 66

Annexe 3 .PROGRAMME DE LA GEOMETRIE DANS L'ESPACE EN RUSSIE 74

Les variantes des contrôles (durée 45 min) 77

Annexe 4. SYSTEME EDUCATIF BENINOISE 82

Annexe 5.ETUDES SUR L'ENSEIGNEMENT DES MATHEMATIQUES. L'ENSEIGNEMENT DE LA GEOMETRIE. VOLUME 5. PREPARE SOUS LA DIRECTION DE ROBERT MORRIS 87

REMERCIEMENTS

Au terme de ce travail,

Je tiens à dire mes remerciements aux professeurs Joël TOSSA, Léonard TODJIHOUNDE et Gabriel AVOSSEVOU pour leurs précieux conseils;

Je remercie spécialement le professeur Mirène LARGUIER pour avoir accepté de m'encadrer pour le DEA et pour toute sa patience à mon égard;

Je tiens aussi à présenter mes remerciements au docteur Eugène OKE pour sa grande participation à mon travail. Il a su, tout au long de ce travail, réagir à mes choix sans m'imposer ses points de vue;

J'exprime ma reconnaissance à Henri DANDJINOU et à Marc-Gervais AFFOGNON, étudiants-chercheurs en didactique à l'IMSP qui ont accepté sans hésitation aucune, de m'aider, non pas seulement en mathématiques et en didactique, mais aussi dans les questions de la langue française pour mon DEA; ils ont été très disponibles malgré leurs nombreuses occupations;

Je témoigne mes reconnaissance à tous nos formateurs locaux, à savoir les professeurs Kossivi ATTIKLEME, Gervais KISSEZOUNON, Carlos OGOUYANDJOU, Didier ANAGO et à tous les formateurs étrangers, notamment les professeurs Alain BRONNER, Mirène LARGUIER, Denis BUTLEN, Cécile de HOSSON, Denise ORANGE RAVACHOL, Christian ORANGE, Philippe BRIAUD; qui font d'énormes sacrifices en se rendant disponibles pour collaborer avec l'IMSP. Grâce à eux, nous sommes à la troisième promotion de doctorants en didactique des sciences mathématiques, physiques et biologie au Bénin.

Je remercie très sincèrement les professeurs et les élèves du collège catholique PERE AUPIAIS de Cotonou qui ont accepté de collaborer avec moi dans le cadre de ce mémoire;

Je renouvèle mes remerciements à tous les étudiants-chercheurs en didactique à l'IMSP pour la bonne ambiance de travail.

Ce travail n'aurait pas pu aboutir sans le soutien moral de ma famille: ma maman Klavdya Chouchkova et mon ami Eric Bodounrin LIGAN qui sont aujourd'hui très loin de moi; mes très chères filles Jeannette et Christine. C'est grâce aux encouragements qu'ils m'ont prodigué et à l'intérêt qu'ils ont porté à la réussite de ce travail que j'ai pu surmonter des moments difficiles.

Que tous ceux qui ont contribué, de près ou de loin, à la rédaction du présent mémoire, reçoivent mes remerciements.

INTRODUCTION ET PROBLEMATIQUE

La géométrie dans l'espace a connu son début de construction au XVIe siècle comparativement à la géométrie plane euclidienne qui date d'environ 300 ans avant J.C et pour laquelle l'objectif est la construction de figures à la règle et au compas (Houdement et Kuzniak, 2006).

L'enseignement de la géométrie pose un certain nombre de difficultés qui sont étudiées dans les travaux des chercheurs de différents pays. Par exemple, dans la thèse de Abdelhamid Chaachoua «*Fonction du dessin dans l'enseignement de la géométrie dans l'espace. Étude d'un cas: la vie des problèmes de construction et rapports des enseignants à ces problèmes*» (1997), l'objet central du travail est la place du dessin, en tant que modèle d'un objet géométrique de l'espace, dans les problèmes de géométrie dans l'espace et les fonctions du dessin dans la résolution des problèmes de géométrie dans l'espace. Dans la thèse de Doan Huu Hai intitulée «*L'enseignement de la géométrie dans l'espace dans ses liens avec la géométrie plane - Une étude comparative entre deux institutions: la classe de seconde en France et la classe 11 au Viêt-Nam*» (soutenue en 2001), l'objectif central est de déterminer et de caractériser comment des acquis de géométrie plane interviennent dans l'apprentissage par les élèves de la géométrie dans l'espace, en particulier dans la compréhension du parallélisme et de l'orthogonalité entre droites et plans de l'espace. Par la suite, dans les recherches de Freddy Bonnafé et Mireille Sauter «*Enseigner la géométrie dans l'espace*» (1998) l'attention est centrée sur les problèmes de la représentation des objets de l'espace. Cela prouve encore que les problèmes d'enseignement de la géométrie dans l'espace sont universels. Il y a des problèmes fréquents, qui dominent les problèmes spécifiques de chaque pays. Les spécificités des problèmes d'enseignement de chaque pays dépendent de plusieurs facteurs, parmi lesquels les plus dominants sont:

le niveau de développement des pays,
la politique éducative,
la formation des professeurs,
la question de l'enseignement en langue maternelle dans le cas des pays colonisés (pays d'Afrique notamment).

Concernant le dernier facteur cité ci-dessus, Kuzniak (2005) signale qu'il faut mettre en évidence l'importance de la culture locale dans l'enseignement des mathématiques même dans les pays développés. Dans ce sens à partir du milieu des années 80 un ensemble de chercheurs ont développé un courant dit ***ethnomathématique.***

Le courant de l'ethnomathématique est né dans l'univers des pays anciennement colonisés. Selon Kuzniak, «*il réagit à la fois à des contenus mathématiques et à des formes d'enseignement importés des anciens pays colonisateurs. Cela passe par une réappropriation de la culture mathématique locale: en fait, il s'agit de reconnaître le caractère mathématique d'activités autrefois méprisées et qui supposent une connaissance du nombre ou des formes géométriques».* (Kuzniak 2005, p.63).

Parmi les problèmes d'ordre général beaucoup de chercheurs s'accordent à dire qu'aujourd'hui concernant l'enseignement de la géométrie dans l'espace la réussite n'est possible qu'à la condition suivante : à partir des premières années du collège doit être mis en place un procédé de représentation de l'espace, avec tout ce que cela comporte comme savoir-faire et apprentissage (Berthelot et Salin, 2001)

Selon les programmes, au Bénin, comme en Russie, la géométrie dans l'espace est enseignée au second cycle de l'enseignement secondaire à la différence qu'au Bénin les élèves étudient dès la sixième et même au primaire des solides de l'espace. Plus particulièrement le parallélisme dans l'espace est enseigné au Bénin en classe de seconde. Par contre en Russie la géométrie dans l'espace est enseignée en dixième classe (les dixième et onzième classes correspondent respectivement aux classes de première et de terminale). Notre parcours professionnel en tant qu'enseignante de mathématiques d'origine russe ayant exercé en Russie (de 1994 en 2004) et exerçant actuellement au Bénin (depuis 2004) nous a permis de faire le constat que les élèves béninois ont plus de difficultés à résoudre les problèmes de construction géométrique (étudiés en classe de seconde scientifique) que les élèves russes. La recherche des causes de ce fait nous amène à nous intéresser à l'enseignement de la géométrie dans l'espace au Bénin et en Russie. Les problèmes de construction étant spécifiques au programme de mathématiques de la classe de seconde scientifique au Bénin, nous avons fait le choix de restreindre notre étude à l'institution seconde des séries C et D. Aussi faisons-nous le choix de centrer notre étude sur le pôle savoir dans le triangle didactique pour nous intéresser aux programmes de mathématiques des deux pays. C'est ce qui nous a conduits pour notre mémoire au thème suivant:

«Etude comparative des programmes de mathématiques du Benin et de la Russie: le cas de la géométrie dans l'espace en classe de seconde C et D au Bénin et en classe de dixième en Russie».

Il s'agira pour nous de trouver des outils adéquats pour identifier les ressemblances et les différences que l'on retrouve dans les deux programmes par rapport au parallélisme dans l'espace.

Nous nous intéressons d'abord à ce qui existe dans la littérature à propos de l'enseignement et de l'apprentissage de la géométrie dans l'espace. Plus précisément nous nous intéressons aux difficultés possibles, concernant les représentations mentales et les représentations sémiotiques des objets du côté des élèves comme et du côté des enseignants. Du côté des élèves il y a toujours le problème de la représentation graphique des objets. L'élève connaît comment l'objet sera dans l'espace mais n'arrive pas à le représenter dans le plan. Les différents travaux sur la géométrie dans l'espace que nous venons de présenter sont parfois éloignés de nos préoccupations, mais ils mettent en relief plusieurs points de vue que nous intègrerons dans notre travail. Ils nous aident à reconnaitre certaines erreurs liées aux difficultés sur la représentation des objets de l'espace, et aussi à situer ce que nous sommes en mesure d'attendre des élèves en termes de savoir et de savoir –faire par rapport au niveau d'étude considéré.

Les questions principales de notre problématique dans le cadre de notre thème d'étude sont les suivantes :

Y a-t-il des différences dans l'enseignement/apprentissage de la représentation des objets de l'espace dans les deux institutions béninoise et russe?

Indépendamment des différences concernant l'enseignement en Russie et au Bénin il apparait que les élèves de seconde ont de grandes difficultés pour imaginer et représenter les objets de la géométrie dans l'espace. Comment s'expliquent les difficultés des élèves à concevoir les objets de l'espace ?

On pourrait aussi se poser les questions suivantes:

Dans quelle mesure les organisations mathématiques et didactiques permettent de venir à bout de ces difficultés?

Nous faisons les hypothèses suivantes:

Hypothèse 1: Les choix didactiques pour enseigner la «représentation des objets de l'espace dans le plan» diffèrent dans les deux institutions, collège béninois et école russe.

Hypothèse 2: Les difficultés dans l'apprentissage de la géométrie dans l'espace dans les deux pays proviendraient de l'organisation générale de l'enseignement et des méthodes pédagogiques spécifiques à chacun des systèmes d'enseignement.

Pour étudier ces hypothèses nous avons suivi la méthodologie suivante:

Recherche documentaire sur les problèmes de constructions géométriques.

Recherche et analyse des programmes et manuels d'études en vigueur dans les deux institutions.

Comparaison des programmes et manuels d'études en vigueur dans les deux institutions.

Observations, enregistrements audio de séquences d'enseignement et transcriptions.

Le présent mémoire est organisé en quatre chapitres. Dans un premier chapitre, nous avons défini un cadre théorique approprié pour notre travail. Un deuxième chapitre sera réservé aux problèmes de constructions soulevés par les recherches. Dans un troisième chapitre, nous présenterons une analyse des programmes d'enseignement de la géométrie dans l'espace relativement au parallélisme. Nous ferons également une analyse des manuels en vue d'une comparaison des programmes d'études. Enfin, un quatrième chapitre sera consacré à l'étude des difficultés des élèves béninois pour construire des objets de l'espace.

CHAPITRE 1.VERS UN CADRE THEORIQUE APPROPRIE.

Dans notre travail, nous avons eu recours au cadre de la théorie anthropologique du didactique pour les analyses didactiques.

1.1 La Théorie Anthropologique du Didactique (TAD) de Chevallard (1992).

Pour analyser les ''thèmes'' relatifs à la géométrie dans l'espace dans les programmes et manuels nous avons utilisé la Théorie Anthropologique du Didactique (TAD) de Chevallard (1992). En effet, les éléments de base de cette théorie sont les objets O, les personnes x et X (l'élève et l'enseignant), les institutions (l'institution principale est la classe de seconde).

Le rapport personnel de l'élève à la représentation mentale et à la représentation graphique des objets de l'espace ainsi que le rapport institutionnel aux mêmes objets de savoir seront également utilisés.

Yves Chevallard a défini le rapport personnel R(X, O) d'un individu X sur l'objet O comme l'ensemble des connaissances de l'individu X sur l'objet O, respectivement, le rapport institutionnel R(I,O) d'une institution I à l'objet O comme les connaissances prévues par l'institution I à propos de l'objet O.

1.2. La praxéologie

L'organisation mathématique qui sous-tend chaque thème est un ensemble de praxéologies.

La notion d'organisation praxéologique, d'après Y.Chevallard (1999), outil principal de l'approche anthropologique, est une modélisation des pratiques sociales en général et de l'activité scientifique en particulier. La praxéologie permet d'écrire, d'analyser, d'évaluer les rapports personnels, institutionnels, par la suite, les pratiques des enseignés et des enseignants. Ses composants sont, respectivement, les notions de tâche (type de tâches), de techniques, de technologies, de théories. Le type de tâches, en tant que le début d'une organisation praxéologique, indique l'action de l'étude. Par rapport à notre travail, nous pouvons définir le type de tâches suivant «Représenter et imaginer des objets parallèles dans l'espace», désigné par T.

Selon Y.Chevallard (1999), pour chaque type de tâches T il existe une technique τ ou une manière de réaliser la tâche. Par la suite, chaque technique donnée suppose un discours rationnel sur cette technique qu'on appelle la technologie Q. En général, la technique est accompagnée d'une (ou plusieurs) technologie. Par rapport à cela, une technologie peut servir à, par exemple, justifier la technique, expliquer ou éclairer ou, enfin, produire la technique.

Enfin, chaque technologie Q a besoin d'une justification appelée la théorie.

1.3 Thème au sens de Chevallard (1999)

Au sens de Chevallard le thème est une déclinaison du programme d'étude (domaines). Enfin, selon Chevallard (1999), la mise en place et la mise en fonctionnement d'une organisation mathématique «ne se fait pas dans un vide d'œuvres». Il remarque, en étudiant le travail du professeur, que:

> ...autour d'une technologie Q, qui prend alors le statut de thème d'études, que se regroupe pour lui dans un ensemble de types de tâches Ti (i∈I) à chacun desquels, selon la tradition en vigueur dans le cours d'études, la technologie Q permettra d'associer une technique τi. L'organisation mathématique que le professeur vise à mettre en place dans la classe n'a plus alors, la structure atomique qu'exhibe la formule [T/ τ/Q/Θ]:c'est un amalgame de telles organisations ponctuelles, que l'on notera [Ti/ τi/Q/Θ]i∈I et qu'on appelle organisation(mathématique) locale.

Et c'est cette organisation locale d'étude que l'élève va recevoir sous la direction du professeur. De son côté le professeur va gérer une situation analogue, seulement au niveau supérieur. Il doit extraire l'organisation locale (qui correspond au thème d'étude) d'une organisation plus vaste, appelée «régionale» admettant la même théorieΘ. Ce niveau est celui du secteur d'études. L'auteur constate, que l'existence de niveaux supérieurs d'une organisation mathématique amène à considérer une organisation globale «un domaine d'étude». Et finalement l'ensemble de ces domaines d'études est lié à une discipline commune. Chevallard a constaté que, le professeur reste en classe au niveau de sujets et thèmes. Or, selon Bouligand[1] c'est dans les niveaux supérieurs de détermination des organisations mathématiques (secteurs et domaines) qu'on trouve les types de tâches mathématiques. Cette situation aujourd'hui fait apparaître l'absence de mise en contact du niveau du sujet ou du thème avec les niveaux supérieurs, ce qui est la cause de «l'absence de motivation» des types de tâches T étudiés.

Selon Chevallard la hiérarchie des niveaux de détermination didactique peut être représentée par le schéma suivant (schéma 1):

---

[1] Bouligand,G. (1962), cité dans Y. Chevallard,Y. (1999)

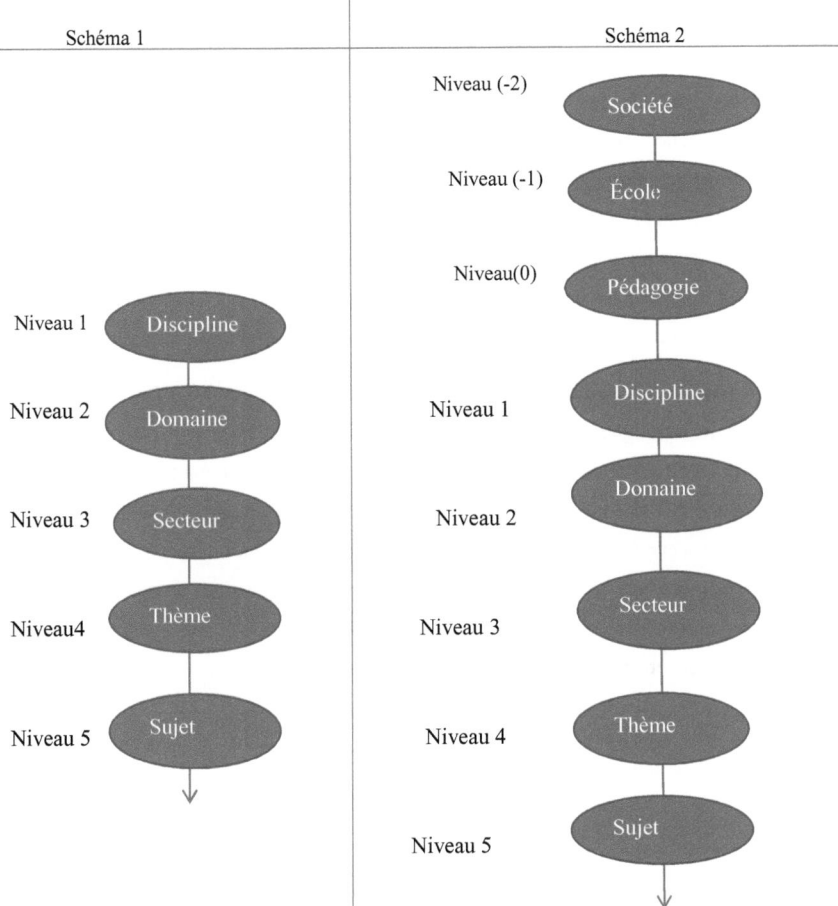

Mais réellement chaque niveau est dirigé par une réalité, ce qui fait rajouter quelques niveaux supplémentaires (schéma 2).A chaque niveau il y a les contraintes et les obstacles, et comme remarque Chevallard, l'obstacle n'a pas pour origine la didactique des mathématiques mais plus l'administration de l'instruction publique.

1.4. Les moments didactiques

Les différents moments de l'étude auxquels nous serons attentives au cours des observations de séquence d'enseignement forment l'organisation didactique.

Il s'agit de six moments didactiques différents, définis par Y.Chevallard (1999) tels que:

1. Le moment de la première rencontre (pour un type de tâches visé) avec l'organisation O;
2. Le moment de l'exploration du type de tâches et par la suite, l'élaboration de la technique relative à ce type de tâches;
3. Le moment de la constitution du bloc théorique par rapport à la technique;
4. Le moment du travail de la technique (le moment de mise à l'épreuve de la technique supposée) ;
5. Le moment de l'institutionnalisation;
6. Le moment de l'évaluation.

Puisque nous faisons le choix d'étudier un objet de savoir par rapport à l'élève dans une institution scolaire, il nous faut connaitre les transformations du savoir prévues par la Transposition Didactique (Chevallard, 1985) et concernant le savoir savant –le savoir à enseigner- le savoir enseigné.

En conclusion, le cadre théorique dans lequel nous présenterons le mémoire est la Théorie anthropologique de la didactique (TAD) et la Transposition didactique. La transposition didactique permet d'étudier (à l'aide des praxéologies de la TAD) les questions concernant le savoir (c'est-à-dire pour nous le parallélisme dans l'espace): le savoir savant, le savoir à enseigner et le savoir enseigné. Bien sûr que cette étude sera complétée par la revue de la littérature sur l'enseignement/l'apprentissage de la géométrie dans l'espace, sur les fonctions du dessin dans l'enseignement de la géométrie dans l'espace, sur les difficultés des élèves dans la représentation mentale et graphique des objets

CHAPITRE 2. TRAVAUX DIDACTIQUES SUR L'ENSEIGNEMENT/APPRENTISSAGE DE LA GEOMETRIE DANS L'ESPACE.

Dans ce chapitre, nous abordons l'objet d'étude de la géométrie, le rôle de l'enseignant, la question de la constructibilité à travers des travaux de Chevallard (1990-1991). Plus précisément, nous portons notre attention sur :

la compréhension de la figure et du dessin, le statut du dessin dans l'enseignement; les fonctions du dessin dans les problèmes de géométrie dans l'espace ; particulièrement, dans la phase de résolution de problème;

le passage de l'objet géométrique au dessin et le passage du dessin à l'objet géométrique.

2.1. L'importance de l'enseignement de la géométrie aujourd'hui

En observant les difficultés que les élèves rencontrent en apprenant la géométrie dans l'espace et les efforts que le professeur fait chaque jour, on se pose des questions sur l'utilité et les contenus de la géométrie dans l'espace.

Les dictionnaires définissent généralement la géométrie comme la «science de l'espace» et l'objet de la géométrie (géométrie: du grec Ύεὼμξτρῖα; géo: terre; metria: mesure) concerne la connaissance des relations spatiales[2].Le champ de la géométrie dans l'espace présente un terrain problématique aussi bien du côté de l'enseignement que du côté de l'apprentissage. Du côté de l'enseignement: d'abord, par le choix de l'approche épistémologique, par les difficultés d'ordre didactique, historique, culturel et social. L'enseignement de la géométrie dans l'espace apparait comme problématique à tous les niveaux et dans de nombreux pays:

- Hilbert [1899]: distinguer une géométrie mathématique et une géométrie physique;
- Einstein [1921(1972)]: distinguer la géométrie axiomatique et la géométrie pratique;
- Platon (LivreVII (528 b-d) de La République (1966, 287): la distinction entre la planimétrie et la stéréométrie (géométrie du plan et la géométrie de l'espace);
- Chasles [1837(1989), 191]: utiliser l'espace pour étudier des propriétés planes.

De l'avis de Brousseau (2010)[3], «l'enseignement de la géométrie entraine des élèves au raisonnement mathématique, c'est-à dire à un mélange de raisonnement déductif et d'imagination

---

[2]http; //fr.wikipedia.org/wiki/ histoire de la géométrie. Tiré sur internet 16/08/2012, 08:35)

[3]Brousseau (2010) citée dans la thèse de Chaachoua (1997)

inductive, activé par une manipulation familière des images. De ce fait elle prépare les élèves à aborder d'autres théories mathématiques».

Alors, faut-il encore aujourd'hui enseigner la géométrie? Bien sûr que oui. Les arguments en faveur de l'enseignement de la géométrie sont nombreux. Tout d'abord, ce domaine concerne la formation du citoyen: il s'agit de l'importance de la vision dans l'espace; ensuite, l'apprentissage du raisonnement que la géométrie réussit mieux que n'importe quelle autre discipline. La géométrie élémentaire est appliquée partout en mathématiques: la géométrie différentielle, les statistiques, la programmation linéaire, l'informatique, enfin, la géométrie projective. D'ailleurs, il est très intéressant de remarquer, que la géométrie reste présente dans nos actions de penser géométriquement. C'est-à-dire, dans les situations où quelque chose est plus difficile à formuler, tout d'abord, on est capable de faire un dessin, et de quelque sorte d'avoir une vision globale d'une question mathématique. Enfin, l'importance de la géométrie dans la vie courante (les techniciens du bâtiment ou de la mécanique restent même aujourd'hui les grands utilisateurs de la géométrie), son application dans les domaines culturel et esthétique (par exemple, utilisation de la géométrie dans le développement des logiciels de vision 3D). La géométrie occupe une place particulière dans l'éducation esthétique des enfants, car la géométrie est liée aux arts plastiques (la peinture, la sculpture, l'architecture). Aujourd'hui toutes les pédagogies, éducateurs, enseignants dirigés par les travaux des médecins, reconnait l'importance des travaux manuels des enfants (bricolage, application etc.) dans les développements de l'intelligence.

2.2. Les travaux d'Yves CHEVALLARD

Chevallard et Jullien (1991, p.45-47), définissent la didactique des mathématiques comme un champ scientifique relativement récent dont l'objet est :

> *L'étude des faits d'enseignement des mathématiques. L'enseignant, en tant qu'acteur, joue une pièce qu'il n'a pas écrite lui –même, mais c'est aussi une pièce dont le texte intégral n'est pas précisé. Pour jouer son rôle, il dispose d'abord le programme officiel, les instructions, un ou des manuels, tous ceux – ci lui fournissent du texte qui lui permet de « remplir le canevas que le programme impose».*

Tout cela représente un ensemble de contraintes sur l'action, imposées au choix des styles de jeu. N'importe quel acteur n'est pas également à l'aise dans toutes les pièces et dans tous les styles de jeu: de même pour l'enseignant. C'est à ce moment que la didactique peut rendre l'enseignement plus effectif.

-Elle peut viser clairement les contraintes;

-elle peut «transformer» les contraintes en conditions avec lesquelles l'enseignant aura un choix plus libre et raisonné.

Selon Chevallard, la géométrie, l'arithmétique, l'algèbre, les mathématiques, comme l'art sont des *objets culturels.* « ... Cela signifie d'abord que ce sont des entités reçues par la culture courante, et connues, en un certain sens, par ceux qui lui sont soumis- chacun de nous, ou presque. Mais ce sont en plus des objets culturels «sensibles»... »

> *La définition de la géométrie [...] tient en une formule: savoir de la géométrie c'est savoir «faire» de la géométrie – est celle-là même que les enseignants doivent aujourd'hui défendre et illustrer dans leur enseignement. (Chevallard et Jullien, 1991.p.47)*

Guy Brousseau (2010) au début de «Les propriétés didactiques de la géométrie élémentaire» a défini les intérêts de la géométrie comme suit:

> La géométrie intervient, par ses objets, par ses énoncés, par ses méthodes, et par les représentations qu'elle propose dans de très nombreuses branches des mathématiques et des sciences, et quelquefois de façon inattendue.

La géométrie donc s'intéresserait aux objets qui sont dans l'espace. En définissant l'espace, Yves Chevallard parle de l'espace sensible, l'espace physique, il porte un regard sur les définitions du «point dans l'espace», «ligne» et «droite» à travers des ouvrages d'Euclide. Selon lui, avec la mise en relation du macro-espace et du micro –espace, on se retrouve dans le vaste domaine des problèmes de représentation plane des figures de l'espace. Les savoirs géométriques mettront souvent du temps pour s'intégrer au corpus principal (voir la géométrie des Eléments, les théories de la perspective, la géométrie projective). Par conséquence, dans l'enseignement de la géométrie il y a un risque majeur face auquel la didactique des mathématiques est encore démunie. D'après Chevallard, dans l'enseignement de la géométrie on doit prendre en compte l'idée suivante:

- toute représentation graphique est une modélisation de l'espace, moyen de production de connaissances commandée par le savoir géométrique.

-la notion de construction géométrique n'est pas aussi transparente que ce que l'on pourrait penser.

-pour les mathématiciens, les problèmes de construction sont des problèmes de constructibilité (la notion de la géométrographie qui s'intéresse aux procédés de construction eux- mêmes en se proposant, selon des critères déterminés, de les comparer afin de trouver les plus simples);

- de plus les problèmes de constructibilité et les problèmes de construction en mathématiques mettent l'accent sur la distinction entre démonstration et algorithme de construction.

En conclusion Chevallard (1991, p.59) remarque:

> Les liens entre construction et constructibilité en géométrie euclidienne sont maintenant suffisamment clairs pour que nous puissions interroger les « pratiques de tracés graphiques ou

géométriques ». Notre but est, dans un premier temps, d'en repérer les caractères originaux et de les situer clairement par rapport aux constructions et aux problèmes de constructibilité. Afin que ce texte prenne tout son sens pour le lecteur, il est nécessaire que celui-ci accepte de se laisser guider pas à pas sur les chemins qu'il propose. …Pour le dessinateur il existe toujours un algorithme de construction, exact ou approché, nécessitant tels ou tels instruments, lui permettant de réaliser son projet. La notion de non constructibilité et, par suite, celle de constructibilité devient, en conséquence, caduque de son point de vue. Elle n'a guère de pertinence graphique; elle conserve pourtant toute sa pertinence mathématique.

2.3 Les problèmes de construction.

Tout d'abord la représentation des objets de l'espace commence par un travail mental. Pour Piaget (1948)[4], l'institution de l'espace est en réalité une construction individuelle. La construction de l'espace est d'abord une activité du corps. Selon Piaget, «une image mentale, c'est de l'action intériorisée. «… Le langage est indispensable pour établir certaines représentations, mais la construction de l'espace ne s'identifie pas à des leçons de vocabulaire. Les relations spatiales – comme les relations logiques ne sont pas seulement langagières… ». [5]Il est évident qu'à l'école, il est d'abord question de construction de l'espace: établir des représentations mentales et de les maîtriser. «Penser l'espace» devient prolonger l'expérience par des représentations». Dans sa thèse Chaachoua A. (1997) tout premièrement aborde le problème de la représentation des objets de l'espace. Il parle d'une perte d'information au moment de la représentation d'un objet de l'espace, de dimension trois, par le dessin sur le papier, de dimensions deux car cette représentation sera toujours effectuée par une ou plusieurs projections. Alors la problématique de la représentation des objets de l'espace est liée au choix du mode de représentation des objets de l'espace. En général dans l'enseignement le mode de représentation des objets de l'espace est la perspective parallèle, car elle se montre plus équilibrée au niveau de *savoir* et *voir*.

Et quel est alors le rôle du dessin et sa place dans l'enseignement de la géométrie dans l'espace? En travaillant sur les représentations graphiques d'objets géométriques de l'espace Bernard Parzysz (1988)[6], conclut à un conflit du dessinateur entre «le vu et le su», c'est-à-dire, entre ce qu'il sait de l'objet géométrique et ce qu'il donne à en voir par sa représentation. Bernard Parzysz et François

---

[4] Piaget (1947), citée dans la thèse de Chaachoua (1997)

[5] : http://www.ien-landivisiau.ac-rennes.fr/maths/geometrie/image%20mentale.htm

[6]Bernard Parzysz (1988), citée dans la thèse de Chaachoua (1997)

Colmez (1993)[7] ont étudié l'évolution de ce conflit. Dans ses travaux de 1988 sur le conflit entre le vu et le su, B.Parzysz propose de distinguer les dessins des figures parmi les représentations graphiques en géométrie: le dessin c'est la trace matérielle sur la feuille de papier, par contre, la figure renvoie à l'objet théorique représenté.[8] C'est la figure qui appartient à l'espace géométrique, mais pas le dessin. Alors, les figures géométriques sont des objets de l'espace géométrique. Par la suite, Raymond Duval (2005)[9] distingue quatre manières de voir une figure qu'il associe à quatre types d'activités (selon lui, la manière même de voir la figure dépend de l'activité du sujet par rapport à cette figure). Fregona (1995.p.7) [10]complète en montrant que le statut d'un dessin est défini par sa fonction dans la situation. Dans sa problématique (1995, p.9) une des hypothèses de travail est la suivante: «les figures sont des instruments adéquats pour transmettre dans la scolarité élémentaire, les savoirs géométriques». Elle montre la nécessité de changer le rapport des élèves au dessin, comme instrument pour la transmission des savoirs géométriques, étude du milieu où la figure est l'enjeu de transmission. Donc, par conséquent, dans l'enseignement de la géométrie les fonctions du dessin, en tant que modèle d'un objet géométrique, sont variées selon les situations.

De l'avis de Brousseau (2010)[11], «l'enseignement de la géométrie entraine des élèves au raisonnement mathématique, c'est-à dire à un mélange de raisonnement déductif et d'imagination inductive, activé par une manipulation familière des images. De ce fait elle prépare les élèves à aborder d'autres théories mathématiques».

D'après Laborde (1992)[12], dans certaines situations d'enseignement, plus souvent à l'école primaire, le dessin est utilisé comme modèle d'un objet physique, par exemple le cube. Dans l'enseignement, on utilise ce dessin comme modèle d'un cube «objet physique», pour étudier les propriétés du cube en tant qu'objet géométrique. Le cube est lui-même un modèle de l'objet physique. Donc le dessin a plusieurs statuts dans l'enseignement. En géométrie plane on commence

---

[7]Bernard Parzysz et François Colmez (1993), citée dans la thèse de Chaachoua (1997)

[8] Roditi http://eroditi.free.fr/Enseignement/PE1/DDM-Geo.pdf

[9]Raymond Duval (2005) citée dans la thèse de Chaachoua (1997), repères n°17

[10]Fregona (1995.p.7), citée dans la thèse de Chaachoua (1997)

[11]Brousseau (2010) citée dans la thèse de Chaachoua (1997)

[12]Laborde (1992) citée dans la thèse de Chaachoua (1997)

par travailler avec le dessin comme objet physique, par contre, en géométrie spatiale l'objet physique est le solide.

Les questions de l'utilité d'une figure vers des questions sur les fonctionnements dans la démarche géométrique sont envisagées par Duval (1994.p.123, 124)[13]. Il montre que le dessin peut être une aide pour la démarche géométrique et en même temps, peut être un obstacle. En touchant la problématique de la démonstration en géométrie, G.Arsac (1992)[14], parle de la nécessité d'un travail autour du dessin. Il remarque dans la conclusion du chapitre 8:

> Pour l'élève, le nouveau rapport au dessin qui suppose d'envisager celui-ci dans un aller –retour constant avec l'énoncé se traduit, surtout au début, par trois grandes interdictions par rapport à sa pratique antérieure:
>
> -ne pas se contenter de mesurer
>
> -ne pas se contenter de constatations
>
> Ne pas tirer des conclusions de l'examen de cas de figures particulières.
>
> On constate donc que la démonstration en géométrie présente des difficultés particulières à cause du statut de l'objet sur lequel elle porte, la figure.
>
> *Dans cette citation est bien envisagée l'importance de «l'aller-retour» entre le dessin et l'énoncé.*

RESUME

A cause de la relation entre l'espace physique et le domaine géométrique et du rôle des représentations graphiques dans les activités géométriques, la géométrie devient une partie particulière des mathématiques. La géométrie enseignée à l'école est la géométrie euclidienne et son enseignement se base sur les connaissances spatiales. Selon les études menées sur les difficultés des élèves dans l'apprentissage de la géométrie dans l'espace, les difficultés des élèves en géométrie on observe souvent dans le passage de cette première étape de l'apprentissage à la seconde étape. Cette étape appelée chez les chercheurs «géométrie d'observation» avec les objets concrets et les raisons pratiques, et la seconde étape appelée «géométrie déductive» où les objets sont théoriques et les raisons confirmées par des énoncés de la théorie présentée par les règles de la logique (et les règles ne sont pas forcément enseignées).

L'étude des travaux didactiques sur l'enseignement/apprentissage de la géométrie dans l'espace nous servira de référence pour le cas du parallélisme dans l'espace.

---

[13]Duval (1994.p.123, 124) citée dans la thèse de Chaachoua (1997)

[14]G. Arsac (1992) citée dans la thèse de Chaachoua (1997)

CHAPITRE III. L'ENSEIGNEMENT/APPRENTISSAGE DE LA GÉOMÉTRIE DANS L'ESPACE AU BÉNIN ET EN RUSSIE

Nous étudions dans le présent chapitre les savoirs en jeu dans l'enseignement de la géométrie dans l'espace au Bénin et en Russie. Pour le faire, nous présentons respectivement:

- le savoir savant en consultant l'histoire de la géométrie dans l'espace et quelques manuels de l'enseignement supérieur;
- le savoir à enseigner à travers l'analyse des instructions officielles relatives à l'enseignement de la géométrie dans l'espace au Bénin et en Russie;
- le savoir enseigné à travers des analyses des manuels utilisés pour l'enseignement de la géométrie dans l'espace.

Concernant le savoir enseigné, pour analyser chacun des deux manuels, de seconde du Bénin et de dixième de la Russie, nous procédons par l'analyse du contenu du cours et l'analyse des exercices/problèmes. Nous nous limitons aux chapitres concernant notre étude et respectons l'ordre de leur apparition dans les manuels. L'analyse du cours nous permet de mettre en évidence les notions à enseigner, les définitions et théorèmes permettent de voir les technologies et, enfin, les méthodes de résolution vont viser les techniques.

3.1 Rapport institutionnel à l'objet «parallélisme dans l'espace» dans l'enseignement supérieur

3.1.1. Repères historiques

Les premiers travaux sur la géométrie sont parus à Babylone et en Egypte pour les résolutions des problèmes concrètes de mesure (il y a plus de 3000 ans)[15]. A cette époque les formules de calcul d'aire de polygone élémentaire, les volumes de polyèdre sont à la disposition des mathématiciens. Jusqu'au VI siècle avant J.-C. la géométrie n'est pas théorisée et par conséquence n'admet pas de démonstrations. Cela n'était rien qu'une pratique. Avec l'apparition des écoles de Thales et Pythagore (VIe siècle avant J.-C.) la géométrie devient un objet de réflexion pour elle-même, elle commence à devenir déductive en se basant sur les propriétés des figures avec les démonstrations. Avec Platon au Ve siècle avant J.-C. on commence à distinguer les objets du monde réel et les objets géométriques bien parfaits. La figure géométrique est considérée comme un dessin idéal, qu'on ne peut plus représenter simplement dans le plan. Avec Euclide au IIIe siècle avant J.-C. les savoirs géométriques

---
[15]*Histoire de la géométrie.* http//fr.wikipedia.org/wiki/Histoire de la géométrie. Tiré le 16/08/2012 08:38

sont organisés de manière logique à partir de définitions, des axiomes, des propriétés et leurs démonstrations. Du IX au XIII siècle avec les traductions des mathématiciens arabes des ouvrages grecs, la géométrie projective et la perspective se développent. Avec les introductions du repère, des coordonnées, des équations de droites et le plan, les vecteurs par Descartes (1596-1650), Lagrange (1736-1813) et Monge (1746-1818), la géométrie devient algébrique. La question qui dérange le plus souvent un mathématicien du VIIe siècle est la suivante: est-ce que l'on peut ou non démontrer que, par un point extérieur à une droite on peut mener une parallèle à cette droite et une seule.

Les Axiomes d'Euclide deviennent les postulats, et cette question de parallélisme désormais change le travail des mathématiciens sur la géométrie: ils construisent des théories géométriques réfutant l'Axiome d'Euclide. M. Lobatchevski (1792-1856) développe une géométrie non-euclidienne appelé «géométrie hyperbolique». Riemann (1826-1886) construit une nouvelle géométrie dite «elliptique». Hilbert (1862-1943) a construit un système complet de postulats pour la géométrie euclidienne.

Actuellement, nous n'avons plus une géométrie, mais des géométries: la topologie, la géométrie projective, la géométrie affine, la géométrie euclidienne. Aujourd'hui la géométrie n'est plus «naturelle», elle est «théorique». Dans l'enseignement primaire et secondaire en Russie et au Bénin, la géométrie enseignée étant «non naturelle», elle reste cependant en rapport avec l'espace physique réel. Les études didactiques découvrent une rupture entre la géométrie d'observation et la géométrie de la démonstration.

3.1.2. L'enseignement du parallélisme dans l'espace dans le supérieur

Au Bénin comme en Russie, les programmes universitaires des facultés spécialisées en mathématiques, sont basés sur la géométrie analytique. La géométrie analytique, étudiée à l'intention des étudiants de première année dans le cadre d'un cours biennal de géométrie, n'est pas une branche déterminée des mathématiques. C'est plutôt une discipline à contenu variable centrée essentiellement sur la notion de coordonnées. Et avant d'aborder les coordonnées, on en construit une base axiomatique solide, comme le précise M. Postnikov (1981):

> En axiomatisant la géométrie élémentaire, on suit en fait Euclide et on prend pour notion de départ les points, les droites et les plans. Le concept de vecteur permet une axiomatique plus commode et plus simple: plus simple, car les axiomes «vectoriels» utilisent la théorie des nombres réels dont les axiomatiques «euclidiennes» reproduisent nécessairement une grande partie; plus commode, car ses divers éléments jouent un rôle de premier plan dans les mathématiques modernes et on devra tôt ou tard en prendre connaissance. (p.15)

Postnikov aborde dans ce livre la géométrie dans l'espace du point de vue analytique. Pour ce qui concerne le parallélisme, il a respectivement proposé dans les leçons 6, 9 et 10 de ce livre les notions suivantes:

Equation paramétrique d'une droite. Equation d'une droite dans le plan. Equation canonique d'une droite dans le plan. Equation générale d'une droite dans le plan. Droites parallèles. Position relative de deux droites dans le plan. Position d'une droite par rapport aux axes de coordonnées. Partage du plan par une droite.
Plan dans l'espace. Equations paramétriques du plan. Equation générale du plan. Plan passant par trois points non alignés.
Partage de l'espace par un plan. Position relative de deux plans dans l'espace. Droites dans l'espace. Plan contenant une droite donnée et passant par un point donné. Position relative d'une droite et d'un plan dans l'espace. Position relative de deux droites dans l'espace.

Les définitions et autres axiomes et théorèmes relatifs au parallélisme dans l'espace dans l'enseignement supérieur peuvent être résumés comme suit:

Définition 1. Deux droites (dans le plan ou dans l'espace) sont *parallèles* si leurs vecteurs directeurs sont colinéaires (et ils peuvent donc être choisis égaux).

Si deux droites parallèles ont au moins un point commun, alors elles sont *confondues*. Ainsi, deux droites parallèles distinctes n'ont pas de point commun.

Théorème (position relative de deux droites dans le plan).

Deux droites dans le plan peuvent:

a) soit ne pas avoir de point commun,

b) soit avoir en commun un point et un seul,

c) soit se confondre.

Définition 2. Pour tout point $M_0 \in A$ (un espace affine) et tout bivecteur non nul α de $V \wedge V$, on appelle *plan* de A défini par M_0 et α l'ensemble des points $M \in A$ pour lesquels $\overrightarrow{M_0M} \parallel \alpha$.

Proposition: Par trois points non alignés quelconques M_0, M_1, M_2 de l'espace affine il passe un plan et un seul.

Définition 3. Deux plans sont *parallèles* s'il y a proportionnalité de leurs bivecteurs directeurs (qu'on peut donc choisir égaux). Si deux plans parallèles ont au moins un point commun, alors ils sont confondus. Ainsi, l'intersection non vide de deux plans distincts est une droite.

Théorème (position relative de deux plans dans l'espace)

Etant donnés deux plans dans l'espace, on est dans l'un des cas suivants:

    les plans n'ont pas de point commun;
    les plans possèdent une droite commune et une seule;
    les plans sont confondus.

Proposition: Pour toute droite et tout point non sur cette droite, il existe un seul plan qui les contient.

Définition 4. Une droite est *parallèle* à un plan si son vecteur directeur $a(\ell, m, n)$ est parallèle au bivecteur directeur ∝(A, B, C) du plan.

Théorème (position relative d'une droite et d'un plan dans l'espace)

Etant donnés un plan et une droite dans l'espace, trois cas sont possibles:

    a) ou bien la droite et le plan ne se coupent pas;
    b) ou bien la droite et le plan ont un point unique en commun;
    c) ou bien la droite est tout entière dans le plan.
    N.B. On étudie de même la position relative de deux droites dans l'espace.

Proposition: Deux droites parallèles non confondues définissent un plan unique.

Théorème (position relative de deux droites dans l'espace)

Deux droites dans l'espace sont:
ou bien non coplanaires, donc non sécantes;
ou bien coplanaires et non sécantes;
ou bien coplanaires et sécantes en un seul point;
ou bien confondues.

N.B. Dans les cas b) et d), les droites données sont parallèles, et dans les deux autres ne le sont pas.

Remarque. Comme la droite est définie par deux plans, on est dans un cas particulier d'un théorème général parlant de la position relative de quatre plans dans l'espace.

Le cours universitaire, comme nous le constatons, se base complètement sur le vocabulaire et les propriétés fondamentales des droites et des plans dans l'espace vus au second cycle, c'est-à-dire, sur la géométrie élémentaire de l'espace. On considère les notions de cette géométrie comme des notions premières qu'on n'a pas besoin de définir. De plus, il ne s'agit que des représentations des objets théoriques: «point» qui n'a pas d'étendue; une droite qu'on représente par un «segment», et auquel on donne un nom et qui n'a pas de largeur, et qui est illimitée dans les deux sens; un plan qui est un ensemble de points. Lorsqu'on veut représenter plusieurs plans de l'espace, on les représente par les rectangles en « perspective», par un parallélogramme. L'objet théorique «plan» n'a pas d'épaisseur et il est illimité dans tous les sens.

3.2. Enseignement de la géométrie dans l'espace en classe de seconde C-D au Bénin

3.2.1. Programme de la géométrie dans l'espace en classe de seconde C-D

3.2.1.1. Présentation du programme

Depuis la période coloniale jusqu'à aujourd'hui on a vu au Bénin quatre réformes principales du système éducatif: 1945; 1971; 1975 et 1994. Les changements de contenu du programme, plutôt leurs modifications ont été faites par rapport aux réformes dans le système éducatif français, le Bénin étant une ancienne colonie de la France.

La géométrie dans l'espace était très faiblement abordée dans les programmes de la période coloniale et jusqu'en 1994. Par exemple, la géométrie dans l'espace des classes terminales scientifiques en ce moment est délimitée par les contenus suivants :

Définition et représentation des solides. Notion de polyèdre (parallélépipède, cube, tétraèdre, prisme, pyramide). Solides de révolution (cylindre, cône de révolution, tore). Exemples de sections planes du cube, du cône.

C'est avec l'avènement des programmes HPM[16] (Harmonisation des programmes de mathématiques), généralisés en classe de seconde en 2000-2001 que la géométrie dans l'espace a eu une part importante dans les programmes béninois. Au Bénin les programmes ont été appliqués selon l'approche par objectifs et basés sur le constructivisme. Ces programmes ont été généralisés en sixième au cours de l'année 1996-1997 et ont atteint les classes de secondes-terminales de l'enseignement secondaire général dans les années scolaires 2000-2001, 2001-2002 et 2002-2003 en particulier concernant les séries scientifiques C et D. Les programmes HPM prévoient l'enseignement de la géométrie spatiale en classe de cinquième, quatrième et troisième avec les chapitres «Pyramides et cônes. Sections planes» et l'enseignement systématique du parallélisme en classe de seconde C et D. Ce programme prévoit l'enseignement des notions suivantes :

    Représentation dans le plan d'objets de l'espace
    Positions relatives de droites de l'espace.
    Positions relatives de plans de l'espace
    Positions relatives de droites et plans de l'espace.
    La sphère.

Les programmes de géométrie spatiale de la seconde scientifique n'ont pas connu vraiment de modifications. A partir de 2002 de nouvelles mutations sont intervenues dans les programmes au Bénin.

---

[16] Dans les pays francophones d'Afrique et de l'Océan Indien des programmes communs en mathématiques dénommés «Harmonisation des programmes de Mathématiques (HPM)» ont été adoptés.

Les programmes par compétences généralisés en classe de seconde en 2007-2008 ont reconduit les contenus de la géométrie dans l'espace tels que prévus par les programmes HPM. Pour ces programmes, il fallait proposer aux élèves des problèmes où la situation n'est pas immédiatement apparente, où les efforts de recherche sont nécessaires et où la démonstration retrouve sa justification (il s'agit de problèmes de lieux géométriques et des constructions).

Dans ce sens, cela suppose de revoir les principes d'enseignement de la géométrie permettant de former des élèves, qui deviennent des citoyens capables de réfléchir et de comprendre et qui soient ainsi bien armés pour affronter les difficultés. Il s'agit alors de viser les apprentissages suivants pour que les élèves sachent :

- voir dans l'espace

- raisonner

- faire des recherches

- être mobile, pouvoir s'adapter aux nouvelles technologies.

Alors, après une phase pilote dans le secondaire, les programmes selon l'approche par compétences (APC), ont été mis en œuvre (en 2005- 2006 en sixième et en 2009-2010 en seconde).

Avec les réformes de 1994 et l'élaboration des programmes selon l'approche par compétences, les contenus notionnels des programmes HPM ont été presque tous reconduits. Une seule différence entre les deux programmes se trouve au niveau des approches (par objectifs pour HPM, par compétences pour APC). Voilà l'extrait du programme de mathématiques de la classe de seconde C et D, Géométrie dans l'espace (juillet 2009) qui nous permet d'avoir une idée du contenu des programmes.

>Représentation dans le plan d'objets de l'espace.
>Positions relatives d'une droite et d'un plan de l'espace.
>Positions relatives de deux plans dans l'espace.
>Positions relatives de deux droites de l'espace.
>Etude du parallélisme de deux droites de l'espace

Dans le programme de géométrie dans l'espace, actuellement en vigueur au Bénin, nous avons identifié les six types de tâches Ti suivants:

>T1: «Représenter les objets de l'espace dans le plan»
>T2: «Reconnaitre les positions relatives d'une droite et d'un plan de l'espace. Etudier la position d'une droite par rapport à un plan donné »
>T3: «Reconnaitre les positions relatives de deux plans de l'espace»

T4: «Reconnaitre les positions relatives de deux droites de l'espace. Etudier la position relative des deux droites»
T5: «Etudier le parallélisme de deux droites de l'espace»
T6: «Etudier le parallélisme de deux plans »

Remarquons que le nombre d'heures pour exécuter ce chapitre est passé de 10 heures pour les programmes HPM à 18 heures pour les programmes par compétences.

3.2.1.2 Analyse praxéologique par rapport au type de tâches: «Représenter un objet de l'espace dans le plan»

Notre présentons ici l'analyse praxéologique du programme de géométrie dans l'espace de la classe de seconde C-D du Bénin par rapport au type de tâches: «Représenter un objet de l'espace dans le plan». Ce programme se réfère au programme de quatrième en ces termes:

N.B.: Le cours s'appuiera sur les solides de l'espace. Les conventions de la perspective cavalière seront rappelées en classe lors de la représentation plane d'un objet de l'espace.

A partir de cette indication l'analyse praxéologique se décline comme suit dans le cas d'un solide qui est un polyèdre :

Technique τ_1

Identifier les arêtes composant l'objet puis les représenter par des segments
Identifier des arêtes parallèles sur l'objet puis les représenter par les segments de supports parallèles sur le dessin
Identifier les faces de l'objet, situées dans un plan vertical de face et les représenter sans déformation
Identifier des arêtes des supports «cachées» de l'objet puis les représenter par des trains en pointillés sur le dessin
Identifier les arêtes de l'objet, à supports perpendiculaires au plan vertical de face puis les représenter par des segments à supports parallèles faisant un angle de mesure fixée α avec la représentation de l'horizontale sur le dessin
Représenter les longueurs des segments du dessin qui sont les arêtes de l'objet ayant des supports perpendiculaires au plan vertical à la face, en respecta le coefficient de réduction C.

A cette technique on peut faire correspondre la technologieΘ qui suit.

TechnologieΘ:

Droites parallèles
Définition des droites, du plan, des segments, d'un angle, du coefficient de réduction C
Droites perpendiculaires
Conventions de la perspective cavalière pour identifier des caractéristiques d'un solide dans l'espace avec sa représentation graphique qui est un dessin dans un plan.

Ces technologies peuvent se justifier par

Φ: la théorie de la géométrie euclidienne, de la géométrie dans l'espace et de la perspective

3.2.2. Etude d'un manuel de cours du Bénin

3.2.2.1. Présentation

Les manuels de la Collection Inter Africaine de Mathématique (CIAM) sont des manuels au programme et exploités par la plupart des professeurs de la sixième à la terminale.

Dans le manuel CIAM de seconde scientifique (EDICEF, Edition 08) un chapitre est consacré à la géométrie dans l'espace qui porte sur le «parallélisme». L'étude du chapitre commence par «Positions relatives de droites et de plans de l'espace», suivie de l'approche axiomatique (les cinq premiers axiomes de la géométrie spatiale). D'après cette axiomatisation on trouve la définition de demi-espaces ouverts, de frontière, de la coplanarité de points et de propriétés sur des différentes positions relatives de droites et/ou de plans. Les positions relatives de deux plans de l'espace sont abordées à partir de la propriété sur les plans confondus, sécants et disjoints et suivies de:

• la définition de deux plans parallèles,
• la définition de deux plans sécants.

Les positions relatives de deux droites de l'espace sont abordées à partir de rappels sur les droites coplanaires, suivies de la propriété sur les droites non coplanaires dites disjointes, la définition des droites parallèles et sécantes, et finalement, la détermination d'un plan présentée par cinq propriétés:

•Il existe un seul plan contenant trois points non alignés.

• Il existe un seul plan contenant une droite et un point extérieur de cette droite.

• Il existe un seul plan contenant deux droites sécantes.

•Il existe un seul plan contenant deux droites strictement parallèles.

Avant d'aborder l'étude du parallélisme, dans le manuel sont proposés des «Travaux dirigés » (TD) qui porte sur la section plane d'un solide. Ce TD débouche sur les méthodes de constructions de la section plane du tétraèdre par le plan. La deuxième partie de ce chapitre appelé «Etude du parallélisme», commence par le «Parallélisme de deux droites» présenté à partir des trois propriétés suivantes (parmi lesquelles deux sont accompagnées de la démonstration et de la démonstration guidée):

—Par un point donné de l'espace, il passe une et une seule droite parallèle à une droite donnée.

−Si deux droites sont parallèles, tout plan coupant l'une coupe l'autre.

−Deux droites parallèles à une même troisième sont parallèles entre elles.

La partie «Parallélisme d'une droite et d'un plan» contient aussi trois propriétés avec les démonstrations et démonstration guidée:

−Une droite (D) est parallèle à un plan (P) si et seulement s'il existe dans (P) une droite parallèle à (D)

−Si une droite (D) est parallèle à un plan (P), alors toute droite parallèle à (D) est parallèle à (P)

−Une droite parallèle à deux plans sécants est parallèle à leur droite d'intersection

La partie finale du chapitre «Parallélisme de deux plans» est constituée par les quatre propriétés (parmi lesquelles deux sont accompagnées de la démonstration, la première est de la démonstration guidée, la démonstration de la quatrième propriété est laissée au soin du lecteur):

−Deux plans sont parallèles si et seulement si l'un contient deux droites parallèles à l'autre et sécantes entre elles.

−Deux plans parallèles à un même troisième sont parallèles entre eux.

−Par un point donné de l'espace, il passe un et un seul plan parallèle à un plan donné

−Si deux plans sont parallèles:

•tout plan sécant à l'un est sécant à l'autre et les droites d'intersection sont parallèles;

•toute droite parallèle à l'un est parallèle à l'autre;

•toute droite sécante à l'un est sécante à l'autre. Les derniers travaux dirigés sont consacrés aux constructions de la section plane d'un tétraèdre accompagné de la solution guidée.

Dans le manuel CIAM la partie des exercices comporte trente-trois(33) exercices, dans lesquels se trouvent : des questions sur la connaissance de la théorie, la démonstration et les questions sur la connaissance de la théorie, la démonstration et les questions pratiques (construction avec les règles de la perspective cavalière, règle d'incidence; alignement dans l'espace)

Dans la partie « Approfondissements » on trouve les exercices sur les démonstrations, les déterminations d'intersection et justifications des constructions.

3.2.2.2. Analyse praxéologique

Le type de tâches «Représenter les objets de l'espace dans le plan» ne figure pas explicitement dans le manuel CIAM en dehors d'une indication sur les règles de la perspective cavalière étudiées en classe de quatrième dans la partie des exercices. Il n'est donc pas possible d'étudier la praxéologie du manuel par rapport à ce type de tâches.

Au total, le savoir à enseigner relatif à la représentation d'un objet de l'espace dans le plan est présent dans le programme de la classe de seconde scientifique. Il ne se retrouve pas dans le manuel. Ce qui laisse comprendre que le manuel CIAM ne doit pas être substitué au programme.

3.3 Enseignement du parallélisme dans l'espace en Russie

3.3.1 Programme de la géométrie dans l'espace en classe de dixième en Russie

3.3.1.1 Présentation des programmes de mathématiques en Russie

Dans le document «L'enseignement des mathématiques dans les écoles secondaires d'URSS» présenté par l' « Organisation des Nations Unies pour l'éducation, la science et la culture » par Semusin (1962), étaient visées les questions importantes sur l'enseignement des mathématiques. Nous présentons les parties essentielles de ce document et plus particulièrement celles concernant la géométrie dans l'espace.

Tout d'abord le document précise que le contenu et le caractère des manuels de mathématiques était à peu près fixé vers la fin du 19^è siècle. Le système classique de l'enseignement des mathématiques en Russie y a trouvé son expression la plus complète et la plus conséquente (les manuels d'A.P. Kiselev sur toutes les branches des mathématiques enseignées dans les écoles furent adoptés presque partout). L'enseignement russe s'est toujours soucié de ce que l'étude des mathématiques pouvait contribuer à la formation générale des élèves et au développement de leur aptitude à raisonner. Le règlement de 1804 prévoyait déjà que *«le maître doit s'efforcer de former et de cultiver le jugement des élèves, et éviter de surcharger et de faire travailler leur mémoire »*. La note explicative jointe au programme de mathématiques de 1898 précise:

> ...les mathématiques, science exacte et abstraite, offrent aux élèves un moyen simple, et par conséquent commode, de développer correctement leur intelligence, et forment l'une des bases de l'enseignement général. Le développement intellectuel des élèves étant le but essentiel de l'enseignement dispensé dans les lycées, l'enseignement des mathématiques doit réserver une grande place à l'étude approfondie et rigoureusement systématique de ses aspects théoriques.

La pédagogie d'avant-garde a cherché à tenir compte des aptitudes des élèves à assimiler des connaissances en fonction de leur âge. En particulier, elle s'est constamment préoccupée du rôle de l'évidence concrète et de l'institutionnalisation dans l'acquisition des connaissances, ainsi que de la nécessité d'étudier les divers moyens de relier l'enseignement scolaire des mathématiques à la vie pratique.

Le grand pédagogue russe K.D.Usinakij écrivait (dès 1865):

> Lorsque l'enseignement de la géométrie commence par l'exposé scientifique d'une théorie sur les propriétés de l'espace, alors que l'élève n'a aucune idée concrète de l'espace, la géométrie lui paraît une matière sèche et formelle dont il n'entrevoit pas la substance

En raison des rapprochements entre l'enseignement des mathématiques et la vie réelle, afin d'améliorer la qualité de l'enseignement des mathématiques, la réforme de l'enseignement des mathématiques se fonde sur les principes parmi lesquels nous avons les suivants :

> Correspondance du niveau et du caractère général de l'enseignement des mathématiques aux exigences du monde moderne.
> Développements des capacités des élèves pour poser des problèmes concrets en termes mathématiques.
> Un traitement différentiel d'un certain nombre de parties du programme de mathématiques, selon le niveau d'enseignement en fonction de ce que les élèves sont capables de comprendre.
> L'importance de développer chez les élèves l'aptitude au travail personnel, de savoir organiser la révision de leçons antérieures et d'enseigner de façon systématique et raisonnée les moyens de résoudre les problèmes.
> Une attention particulière pour les démonstrations qui ont une grande valeur pour la formation du raisonnement logique.
>
> *Un rôle essentiel des exercices dans l'enseignement des mathématiques:*
>
> En fait, une grande partie du programme théorique peut s'enseigner sous forme d'exercices; ceux-ci devront être choisis de manière à faire travailler activement les élèves et à contribuer ainsi au développement de leurs aptitudes créatrices.

Il est très important que les exercices relatifs à chaque question se suivent méthodiquement, par ordre de difficultés croissantes, jusqu'à un niveau de complexité compatible avec les aptitudes des élèves. Il y a lieu de réserver une place importante aux exercices combinés dont la solution exige des connaissances empruntées à diverses parties du programme.

La politique menée sur l'enseignement de la géométrie, est la suivante:

> Une attention particulière à la construction de figures intervient à tous les stades de l'enseignement de la géométrie; à l'occasion de l'introduction de concepts nouveaux, de la résolution de problèmes de construction et les théorèmes.
> Les éléments de géométrie dans l'espace ouvrent de nouvelles possibilités de développement des représentations spatiales. L'étude de la géométrie doit permettre aux

élèves de voir, de distinguer et de représenter correctement les formes spatiales et de savoir, à partir de ces formes, imaginer des combinaisons nouvelles.

L'étude de la géométrie doit dès le début s'accompagner systématiquement de problèmes portant sur des calculs, des constructions et des démonstrations.

L'organisation du travail personnel des élèves doit aussi y contribuer.

Amener les élèves à comprendre le rôle des mathématiques dans la technique et la vie quotidienne en leur exposant systématiquement les applications diverses de la géométrie.

Le document précise que ce résultat peut être atteint en recourant systématiquement aux formes spatiales du monde environnant, afin que les élèves apprennent à voir les formes géométriques dans la vie courante, dans la production et dans leur foyer.

Par rapport à l'exploitation des manuels nous trouvons la remarque suivante:

Le manuel est le meilleur intermédiaire entre les principes méthodiques et la pratique du travail scolaire, et on accorde, dans notre pays, une très grande attention à son élaboration.

Depuis 1962 le programme d'enseignement des mathématiques en Russie est amélioré au niveau du contenu, des méthodes et des techniques, mais les principes, la vision sur le rapport à la vie courante sont le moteur de cette amélioration comme avant. Dans les documents «Etudes sur l'enseignement des mathématiques. L'enseignement de la géométrie» préparé sous la direction de Robert Morris pour l'UNESCO et publiés en 1987 par l'Organisation des Nations Unies pour l'éducation, la science et la culture, à la page101 «L'enseignement de la géométrie en Union Soviétique» nous trouvons l'appréciation du programme et du manuel «Géométrie» de Pogorelov (1984)[17].

3.1.1.2. Présentation du programme de la géométrie dans l'espace en Russie

La géométrie occupe une place centrale dans l'enseignement des mathématiques en RUSSIE déjà à partir de l'école primaire. Les programmes d'enseignement de la géométrie sont centrés sur la géométrie euclidienne. La numération des classes (de sixième à terminale au Bénin et de cinquième au onzième en Russie) n'est pas la même qu'au Bénin, de plus dans l'école il n'existe pas la division entre la série «littéraire» ou «scientifique», mais il y a beaucoup de points communs au niveau de l'enseignement et du programme. L'école primaire va de la première à la quatrième classes, à partir de la cinquième et jusqu'à la onzième classe chaque matière est enseignée par son professeur. Au cours de mathématiques de l'école primaire et même en cinquième et sixième est prévu le travail avec les objets de l'espace. Le travail se limite au niveau des calculs des volumes, des aires comme une application des chapitres d'algèbre (par exemple, puissance, racine carrée). De

---
[17] L'extrait de ce document est présenté en annexe

la sixième à la neuvième classe le programme exige l'étude de la géométrie plane. À partir de la dixième classe on commence l'étude systématique de la géométrie dans l'espace appelée Stéréométrie ce qui dénote la centration sur la mesure des grandeurs attachées aux solides. Voilà la traduction du programme en géométrie en classe de dixième (équivalent de la première au Bénin)[18]:

1. Les axiomes de la géométrie dans l'espace. Les conséquences.

•Existence du plan passant par trois points non alignés.

Les théorèmes:

-Dans l'espace il existe des points qui appartiennent ou n'appartiennent pas à un plan donné.

-Lorsque deux plans distincts admettent un point en commun, alors les plans sont sécants selon une droite passant par ce point.

-Lorsque deux droites différentes admettent un point commun, alors il existe un plan et un seul passant par ces deux droites.

2. Intersection de la droite et du plan. Existence du plan passant par la droite et le point.

Théorèmes:

-Il existe un et un seul plan passant par la droite (Δ) et le point A (A$\notin\Delta$).

-Lorsque deux points distincts d'une droite appartiennent à un plan, alors la droite est incluse dans le plan (conséquence: le plan et droite dans l'espace soit sont sécants soit non.)

3. Parallélisme des droites et plans.

•Les droites parallèles dans l'espace
Théorèmes:
-Lorsque deux droites distinctes sont parallèles à une troisième, alors elles sont parallèles entre eux.
•Parallélisme des droites et plans (si une droite qui n'appartient à un plan est parallèle à une droite quelconque de ce plan, alors elle est parallèle à ce plan).

4. Parallélisme des plans.

•Existence d'un plan unique P passant par un point donné A, qui n'appartient pas au plan P1, telle que (P) II (P1).
Les propriétés des plans parallèles.

5. Représentations des objets de l'espace dans le plan.

---

[18] Le programme de la dixième classe est présenté en annexe.

Orthogonalité des droites et plans dans l'espace.
L'indice d'orthogonalité de la droite et du plan
Construction de la droite orthogonale à un plan. Propriétés.
Perpendiculaire et inclinée. Théorème des trois perpendiculaires. Séance des exercices.
L'indice d'orthogonalité des plans.
La distance entre les droites non coplanaires.
Exploitation pratique de la projection orthogonale pour la représentation des objets de l'espace. Séance des exercices.

Pour analyser le programme actuellement en vigueur(2002) de la géométrie dans l'espace en Russie concernant le parallélisme, nous avons identifié les neuf types de tâches Ti suivantes:

- T1: «Représenter les objets de l'espace dans le plan»

- T2': «Reconnaitre les positions relatives d'une droite et d'un plan de l'espace. Etudier la position d'une droite par rapport à un plan donné. Intersection de la droite et du plan»

- T3: «Reconnaitre les positions relatives de deux plans de l'espace»

- T4: «Reconnaitre les positions relatives de deux droites de l'espace. Etudier la position relative des deux droites»

- T5: «Etudier le parallélisme de deux droites de l'espace»

- T6: «Etudier le parallélisme de deux plans»

- T7': «Etudier le parallélisme de la droite et du plan

- T8': «Définir l'existence du plan :

• passant par le point et la droite donnés

• passant par les trois points donnés

• Parallèle à un plan donné»

- T9': «Définir la division de l'espace sur deux demi-l 'espace par un plan»

De T1 à T6 nous retrouvons les types de tâches déjà identifiés dans le programme du Bénin et qui sont répertoriées à la section 3-2-1-1.

3.3.1.2 Analyse praxéologique du programme par rapport au type de tâches: «Représenter un objet de l'espace dans le plan»

Dans le programme il n'existe aucune indication pouvant permettre son analyse praxéologique par rapport au type de tâches T1: «Représenter les objets de l'espace dans le plan».

3.3.2. Etude d'un manuel de cours

3.3.2.1. Présentation

Les manuels de géométrie sont des manuels officiels de la sixième à la onzième classe. Ce sont les manuels au programme, les professeurs choisissent soit le manuel de POGORELOV, soit celui d'ATANACIAN. La différence entre les deux manuels se trouve au niveau de l'ordre des chapitres étudiés (si cela ne nuit pas à la compréhension logique du programme) et dans la manière de présenter le cours. Le programme exige des professeurs de conserver le choix du manuel de la sixième à la onzième classe (par exemple: si au début, en sixième on avait choisi POGORELOV, alors chaque année suivante le professeur qui garde les mêmes élèves de la sixième à la onzième, suit les contenus prévus dans ce manuel).

Dans le manuel «GEOMETRIE 7-11» de A.V. Pogorélov (1992) le chapitre Stéréométrie est le premier chapitre de la dixième classe qui est consacré à la géométrie dans l'espace, et qui comprend «Axiomatique de la stéréométrie», «Parallélisme dans l'espace», «Orthogonalité dans l'espace».

Le chapitre commence par l'approche axiomatique (les cinq premières axiomes de la géométrie spatiale plus les axiomes de la géométrie plane).Cette axiomatisation est suivie de la définition de la Stéréométrie, l'indentification du plan, sa représentation sur le papier par le parallélogramme; la définition de la coplanarité des points; des rappels sur les règles de la perspective cavalière.

• La partie « Positions relatives de droites de l'espace » commence par les définitions des droites coplanaires, des droites parallèles (si elles sont coplanaires et non sécantes) et par la suite nous avons les théorèmes de parallélisme de deux droites. Cette partie concernant les « Positions relatives de droites de l'espace » finit par les questions sur compréhension de la théorie, permettant aux élèves de mettre au propre le contenu théorique de cette partie. Par la suite on propose au moins une vingtaine de petits exercices-problèmes permettant aux élèves d'appliquer la connaissance de la théorie dans les démonstrations, des justifications et, de plus, les exercices sont suivis par des questions pratiques avec l'exploitation des connaissances de la géométrie plane (par exemple: «Démontrer que les milieux des côtes d'un quadrilatère de l'espace (c'est-à-dire, que ses sommets peuvent être non coplanaires) sont les sommets d'un parallélogramme ».

• La partie « Positions relatives de plans de l'espace » commence par la définition des plans parallèles (deux plans sont parallèles lorsqu'ils ne sont pas sécants) et les propriétés, définissent un plan parallèle à l'autre (par exemple: «Il existe un plan unique P parallèle au plan donné P1 tel que P passe par le point A qui n'appartient pas au plan P1 ») et suivi de Théorèmes. Cette partie « Positions relatives de deux plans » est décrite par quatre cas de détermination des plans et par la définition de deux plans parallèles et leurs propriétés; notamment la propriété d'incidence.

La partie « Positions relatives de plans de l'espace » se termine par les questions sur la compréhension de la théorie et aussi par au moins une vingtaine de petits exercices-problèmes permettant aux élèves de vérifier la connaissance du contenu notionnel de cette partie.

• La partie « Positions relatives de droites et plans de l'espace » est décrite par trois cas et la définition d'une droite et d'un plan parallèles; d'une droite sécante au plan, suivie de propriétés et de théorèmes. Elle se finit par un questionnaire sur la théorie et une vingtaine de petits exercices-problèmes.

•La partie « Représentation des objets de l'espace. Détermination d'intersections » est le dernier paragraphe représenté dans le manuel au niveau du parallélisme et elle est suivie par des consignes pratiques et des précisions sur les constructions par la méthode de projection d'une figure parallèlement à une droite, de plus on les complète par les règles de la représentation d'une figure de l'espace dans le plan. Les règles sont suivantes:

•les segments d'une figure de l'espace se représentent dans le plan par des segments

•les arêtes parallèles d'un objet de l'espace se représentent par des segments de droites parallèles dans le plan

•les segments de longueurs proportionnelles dans l'espace se représentent par des segments de longueurs proportionnelles dans le plan

Ce chapitre finit par les questions sur la compréhension de toute la théorie concernant le parallélisme et quarante-deux exercices-problèmes permettant aux élèves d'approfondir les connaissances; parmi les exercices sur les démonstrations on trouve les exercices sur la détermination d'intersections, des justifications de constructions, des problèmes des calculs (détermination des longueurs des segments) avec les applications de la propriété de Thales, les droites des milieux du triangle et du trapèze. Par exemple: «Par les extrémités du segment [AB] et son milieu M on trace les droites parallèles (AA_1), (BB_1),(MM_1), qui coupent un plan (P) aux points respectifs A_1,B_1,M_1. Le segment [AB] n'admet pas de points communs avec le plan (P). Déterminer MM_1, sachant que: a) AA_1=5m, BB_1=7m ; b) AA_1=8,3cm, BB_1=4,1cm; c) AA_1=a, BB_1=b».

3.2.2. Analyse praxéologique du manuel

D'après la présentation du manuel «GEOMETRIE» d'A.V. Pogorelov (1992), nous nous proposons dans cette analyse d'expliciter les techniques qui peuvent conduire les élèves à la réalisation des types de tâches que nous avons identifiés. En particulier nous nous intéressons à T1: «Représenter les objets de l'espace dans le plan», ainsi qu'aux technologies qui peuvent justifier les techniques et aux théories qui justifient à leur tour les technologies.

La «Représentation des objets de l'espace dans le plan» est présentée dans le manuel ainsi que des technologies. Les méthodes de la représentation ne sont pas seulement un rappel des règles de la perspective cavalière mais sont aussi d'autres méthodes de la représentation des objets de l'espace dans le plan (par exemple, la projection)

Les objets d'étude du type de tâches T1: «Représenter les objets de l'espace dans le plan» sont le point, la droite, le segment, le plan et leurs positions relatives. Les techniques τ permettant de réaliser ce type de tâches sont suivantes:

• Identifier les segments composant l'objet puis les représenter

• Identifier les segments de supports parallèles de l'objet puis les représenter par des segments de supports parallèles sur le dessin

• Respecter la proportionnalité entre des longueurs des supports d'un objet et la proportionnalité des longueurs des segments représentés sur le dessin

A ces techniques on peut faire correspondre des technologiesΘ comme suit:

• Projection d'une figure parallèlement à une droite

• Définition des droites, des segments, de la proportionnalité

• Propriété de Thalès

• Droites parallèles

Ces technologies peuvent se justifier par

Φ: la théorie de la géométrie euclidienne

SYNTHESE

Les notions liées à la représentation d'un objet de l'espace dans le plan sont les suivantes : «les droites, les plans, les droites et les plans parallèles», «le segment», « les règles de la perspective cavalière». Elles sont mises en place dans le chapitre « La géométrie dans l'espace» du manuel la «GEOMETRIE». Tous les exercices et problèmes proposés semblent avoir pour objectif l'appréhension de la géométrie dans l'espace en tant que théorie, cela permettra et servira à faire les exercices-problèmes concernant non seulement les démonstrations (ou justifications) du parallélisme mais aussi, les calculs.

En conclusion, en faisant le point sur des techniques correspondant au type de tâches T1 à chaque niveau du savoir, on remarque que la question pratique de la détermination de l'intersection et de la construction apparaît dans le programme russe dès que la théorie est apprise et que les élèves deviennent capables de comprendre et d'appliquer immédiatement les méthodes de la construction.

Le programme russe est un programme par contenu qui est assez détaillé dans le manuel. Le manuel sur la représentation des objets de l'espace dans le plan n'apparait pas lacunaire au niveau de la représentation de l'environnement technique et technologique. Et par conséquent, la question de la construction et de la représentation des objets de l'espace dans le plan est claire, compréhensible pour les élèves.

3.4 Ressemblances et différences entre les programmes de géométrie dans l'espace du Bénin et de la Russie

L'objectif principal du présent mémoire est l'identification des ressemblances et des différences au niveau de l'enseignement du parallélisme au Bénin et en Russie. Dans les lignes qui suivent, nous procédons à la comparaison des deux systèmes éducatifs aussi bien par rapport à l'enseignement du parallélisme dans l'espace que par rapport à l'organisation générale de l'enseignement de la géométrie.

3.4.1. Enseignement du parallélisme dans l'espace

Nous comparons d'abord les contenus notionnels relatifs au parallélisme dans l'espace avant de comparer plus particulièrement les programmes du Bénin et de la Russie par rapport à la représentation dans le plan des objets de l'espace.

3.4.1.1. Contenus notionnels du parallélisme dans l'espace

A partir des types de tâches identifiés dans les programmes béninois et russe, on identifie les mêmes six types de tâches. De plus, la tâche T2 du programme russe est complétée par l'intersection de la droite et du plan. Et par contre nous identifions seulement six types de tâches dans le programme béninois, et neuf dans le programme russe.

3.4.1.2. Représentation dans le plan des objets de l'espace

Notre étude a porté précédemment sur la transposition didactique et les approches dans l'enseignement de la géométrie spatiale. En considérant le type de tâche T1 défini par: «Représenter les objets de l'espace dans le plan», les praxéologies des savoirs en jeu dans notre travail nous ont conduit aux résultats suivants que nous résumons.

Dans notre étude le niveau du savoir savant a été identifié à partir du rapport institutionnel de la géométrie spatiale dans l'enseignement supérieur et des repères historiques de la géométrie dans l'espace. Par la suite, le savoir enseigné a été étudié à partir des études sur des manuels et sur les programmes et le savoir à enseigner a été étudié à partir avons constaté que l'approche axiomatique à travers des définitions et des théorèmes, n'admet pas de grand écart avec le savoir enseigné. Par contre, concernant le type de tâches étudié, nous faisons quelques constats de différences notables.

Dans les deux pays les objets d'étude du type de tâches T1 : «Représenter les objets de l'espace dans le plan» sont le point, la droite, le segment, le plan et leurs positions relatives.

Par rapport au type de tâche étudié, le tableau ci-dessous présente les techniques et les technologies, et ce qu'elles ont d'identique ou de différent.

Au Bénin	En Russie
La technique τ qui permettra de réaliser ce type de tâches T1 est la suivante:	La technique τ qui permettra de réaliser ce type de tâches T1 est la suivante:
Identifier les arêtes composant l'objet puis les représenter par des segments Identifier des arêtes parallèles sur l'objet puis les représenter par les segments de supports parallèles sur le dessin Identifier les faces de l'objet, situées dans un plan vertical de face et les représenter sans déformation Identifier des arêtes des supports «cachées» de l'objet puis les représenter par des traits en pointillés sur le dessin Identifier les arêtes de l'objet, à supports perpendiculaires au plan vertical de face puis les représenter	Identifier les segments composant l'objet puis les représenter Identifier les segments des supports parallèles de l'objet puis les représenter par les segments des supports parallèles sur le dessin Respecter les proportionnalités entre des longueurs des supports d'un objet et les proportionnalités des longueurs des segments représentés sur le dessin

par des segments à supports parallèles faisant un angle de mesure fixée α avec la représentation de l'horizontale sur le dessin Représenter les longueurs des segments du dessin qui sont les arêtes de l'objet ayant des supports perpendiculaires au plan vertical à la face, en respectera le coefficient de réduction C.	

Aux techniques on peut faire correspondre la technologie Θ comme suit:
    Droites parallèles
    Définition des droites, du plan, des segments, d'un angle, du coefficient de réduction C
    Droites perpendiculaires
	Aux techniques on peut faire correspondre la technologie Θ comme suit:
	    Droites parallèles
	    Projection d'une figure parallèlement à une droite
	    Définition des droites, des segments, de proportionnalité
	    Propriété de Thalès

Ces technologies dans les programmes des deux pays peuvent se justifier par

Φ: la théorie de la géométrie euclidienne.

Au niveau des exercices d'application proposés par chaque manuel, une étude statistique se présente comme suit:

	CIAM(BENIN)	GEOMETRIE, POGORELOV(Russie)
Nombre des exercices	33	42
Exercice comportant des démonstrations des propriétés	5 soit 15%	23 soit 55%
Comportant des calculs (distance, aire, rapports des longueurs des segments etc.)	0 Soit 0%	6 soit 14%
Comportant les constructions, les représentations, détermination d'intersections justifié ou démontré	28 soit 85%	13 soit 31%

A partir des analyses praxéologiques des programmes et des manuels nous pouvons dégager quelques hypothèses en visant les parties principales de cette comparaison:

Dans le document officiel «Guide pédagogique» du Bénin nous trouvons l'indication (sur la perspective cavalière) permettant au professeur de viser les techniques, les méthodes de la représentation des objets de l'espace et dans le manuel les élèves trouveront quelques méthodes de la construction au niveau de travaux diriges. Par contre, dans le programme officiel russe nous trouvons le contenu du cours sans aucune indication pédagogique par rapport aux méthodes de la représentation des objets de l'espace, mais le manuel contient un paragraphe réservé pour le rappel et l'explication des méthodes de la représentation des objets.

Les techniques τ permettant de réaliser ce type de tâches T1 dans le programme béninois sont les méthodes de la représentation des objets en perspective cavalière, par contre dans le programme russe nous trouvons davantage une méthode de la représentation d'une figure par projection parallèle à une droite. Par conséquence, les technologies utilisées par les deux programmes ne sont pas totalement identiques. Par ailleurs, dans le programme russe nous trouvons en plus les technologies relatives à la «Propriété de Thalès» et à la «Projection d'une figure parallèlement à une droite». Ces technologies peuvent se justifier dans les deux programmes par la théorie de la géométrie euclidienne.

3.4.2. Organisation de l'enseignement

En faisant cette étude sur les questions d'organisation de l'enseignement/apprentissage dans les deux pays, nous voulons revenir sur les facteurs, les conditions de l'apprentissage des élèves, tels que la formation des professeurs, les conditions du travail des élèves et du professeur, visés par Chevallard (2003). Par rapport aux apprentissages personnels il a remarqué ce qui suit :

> C'est par les truchements des institutions que les praxéologies parviennent jusqu'aux personnes, acteurs des institutions: on ne peut comprendre les apprentissages *personnels* si l'on ne cherche pas à comprendre les apprentissages *institutionnels*. De même, on ne peut comprendre *les échecs* d'apprentissage *personnels* sans prendre en compte les refus ou les impossibilités de connaître de certaines institutions dont la personne est *le sujet*. Il y a, dans la diffusion des connaissances (et des ignorances) et des pratiques (et des incapacités), une *dialectique indépassable entre personnes et institutions*. (p.p.2-3)

La réussite (ou l'échec) de l'apprentissage d'un élève dépend de plusieurs facteurs, parmi lesquels il y a aussi: les camarades de sa classe, ses camarades d'autres classes, ses parents:

Les apprentissages sont un changement qu'on assume ensemble (ou qu'on n'assume pas) au sein d'une tribu en mouvement-en principe le «groupe-classe»-, condition sans laquelle, à tenter d'apprendre tout seul, dans un dialogue socratique avec le maître, on risquerait de rompre des liens-à la famille, au quartier, au groupe d'âge, à la bande de copain, etc., vécus comme vitaux, parce que fondateurs d'identité.

En parlant du métier du professeur, Chevallard (2003, p.11) précise que ce métier «participe de la production de la société, il ne peut se définir que par un projet de changement social qui, dans les temps actuels, est inséparablement changement scolaire». L'auteur remarque que la formation des professeurs est fortement dépendante de «la qualification du métier de professeur, qui fixe silencieusement les normes professionnelles s'imposant de fait à tout nouveau venu dans la profession et détermine donc les objectifs qualitatifs et quantitatifs moyens que les projets de formation des professeurs peuvent s'assigner de manière réaliste à un moment donné».

Par la suite, nous proposons quelques éléments qui envisagent la vraie situation d'enseignement au Bénin et en Russie, à savoir quelques contraintes au niveau de l'enseignement/l'apprentissage et de la société (au sens de Chevallard).

3.4.2.1. *Les programmes*

Au Bénin comme en Russie, les programmes sont accompagnés de commentaires généraux concernant les:

•principes de l'enseignement des mathématiques

•principes qui décrivent ce que doit être une activité mathématique.

Le début de l'étude de la géométrie dans l'espace est présenté par l'axiomatisation euclidienne dans les deux pays. Au Bénin PARALLELISME et ORTHOGONALITE sont étudiés séparément, en classe du seconde et en classe de première respectivement. En Russie les deux chapitres sont étudiés dans la même année scolaire, en dixième.

Dans le contenu du chapitre PARALLELISME, les notions, les propriétés sont identiques. Dans le programme russe sont seulement précisés le contenu notionnel, le nombre d'heures et les variantes des contrôles. Le manuel détaille le programme. Par contre, dans le programme béninois, les contenus notionnels sont complétés par les indications pédagogiques. Le savoir à enseigner relatif à la représentation d'un objet de l'espace dans le plan est présenté dans le programme de la classe de seconde scientifique mais il ne se retrouve pas dans le manuel. Finalement, nous nous retrouvons dans le programme par contenu avec le manuel au programme en Russie, et avec le programme l'approche par compétence et le manuel d'accompagnement au Bénin.

CHAPITRE IV. ANALYSE D'UN COURS AU BENIN ET DIFFICULTES DES ELEVES

Nous présentons dans ce chapitre les résultats d'une expérimentation portant sur la construction de solides de l'espace. Elle met en évidence quelques difficultés rencontrées par les élèves dans les problèmes de construction.

L'expérimentation a consisté à observer un cours de géométrie dans l'espace portant sur la construction et la représentation des objets de l'espace, puis à identifier quelques difficultés des élèves à partir de l'analyse d'une évaluation donnée à ces élèves.

4.1. Le cours suivi

Dans le cadre de notre étude, nous avons enregistré un cours dans une classe de seconde C du collège catholique Père Aupiais de Cotonou.

4.1.1. Présentation du cours

Enregistré le mardi 16 octobre 2012, le cours observé a eu lieu dans la classe de seconde C_1, du collège catholique Père Aupiais. Cette classe d'un effectif de trente-et-un élèves a pour professeur de mathématiques Grigo, titulaire d'un Certificat d'Aptitude au Professorat de l'Enseignement Secondaire (CAPES) en Mathématiques.

Le cours précédent était consacré à l'étude « des positions relatives de deux plans de l'espace» et «des positions relatives de deux droites dans l'espace».

L'énoncé de l'activité exploitée lors de cette séance du 16 octobre 2012 avait été mis à la disposition des élèves à la fin de la séance précédente. Les élèves ont alors été invités à faire le travail individuel à la maison. Cette activité porte sur la construction d'un cube tronqué et comporte deux consignes. L'énoncé de cette activité est ci-dessous.

ACTIVITE 10.

Consigne 1.

Cherchons l'intersection du plan (HBD) et du plan (FGD) d'un cube tronqué ABCDFHG (ABCD est le carré de la base et le triangle FHG est la face supérieure (complétez la représentation)).

> Vous remarquez d'abord que le point D appartient aux deux plans. Ces deux plans sont distincts et ils ont un point commun D, ils sont sécants suivant une droite qui passe par D. Déterminons un deuxième point commun aux deux plans. Désignons par J le huitième sommet du cube dont les sept premiers sont A, B, C, D, F, G, H. Complétons le cube et désignons par K le point d'intersection des droites (FG) et (HJ)

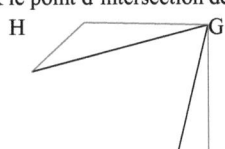

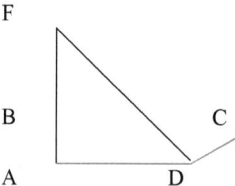

Montrez d'abord que K appartient au plan (FGD). Montrez ensuite que les quatre points H, B, D, J sont coplanaires, puis que le point K appartient au plan (HBD).
Vous concluez: L'intersection des plans (HBD) et (FGD) est la droite (DK).

Remarque:

Justifier la proposition suivante: Pour démontrer que trois points de l'espace A, B, C sont alignés, il suffit de démontrer qu'il existe deux plans distincts P et P1 auxquels chacun de ces trois points appartient.

Consigne 2.

Cherchons l'intersection des plans (GFD) et (BCGH).

Indiquez un point commun à ces deux plans.
Ces plans sont distincts et ils ont un point commun; ils sont donc sécants suivant une droite (Δ) qui passe par ce point commun.

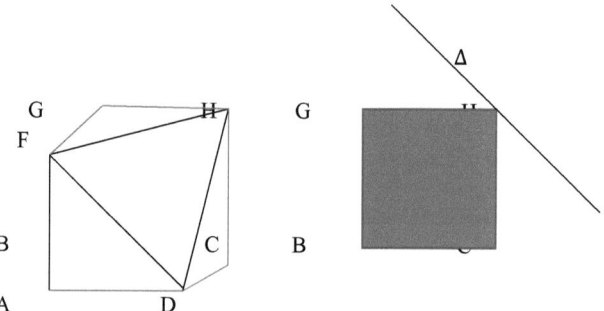

Répondez alors aux questions suivantes:
a) Quelle est la position relative des plans (AFD) et (BCGH)?
b) Quelle est l'intersection des plans (AFD) et (GFD)?
Des deux réponses précédentes déduisez la position relative de (FD) et (Δ).
c) Quelle est la position relative des droites (FD) et (HC)?
d) Quelle est la position relative des droites (HC) et (Δ)?
Concluez: L'intersection des plans (GFD) et (BCGH) est la droite (Δ) passant par G et parallèle à (HC).

Après quelques minutes de travail en petits groupes, un élève s'est porté volontaire pour représenter au tableau le cube tronqué et pour répondre aux autres questions de la première consigne. La production de ce groupe a été ensuite corrigée et complétée par les élèves et le professeur. Ensemble la classe a repris une méthode de démonstration d'alignement de points dans l'espace. Concernant la seconde consigne, les élèves ont été invités à faire un travail individuel puis un travail en petits groupes avant qu'un élève ne soit désigné pour mettre la production de son groupe au tableau. Cette production a été améliorée par le groupe classe.

4.1.2. Analyse du cours

L'analyse du cours va se faire en deux temps; dans un premier temps, on va étudier l'organisation mathématique puis l'organisation didactique dans un second.

4.1.2.1. Organisation mathématique

Nous faisons ici le choix d'analyser le cours de Grigo par rapport au type de tâches T1 intitulé «Représenter les objets de l'espace dans le plan». Cette analyse praxéologique a priori nous conduit à la technique ci-dessous.

Technique

Identifier les arêtes composant l'objet puis les représenter par des segments
Identifier des arêtes parallèles sur l'objet puis les représenter par les segments de supports parallèles sur le dessin
Identifier les faces de l'objet, situées dans un plan vertical de face et les représenter sans déformation
Identifier des arêtes des supports «cachées» de l'objet puis les représenter par des trains en pointillés sur le dessin
Identifier les points communs de deux plans
Identifier et représenter la droite d'intersections des plans
Identifier les plans parallèles

Cette technique se justifie par la technologie Θ qui suit:

Droites parallèles
Droites perpendiculaires
Définition d'intersection des droites, des plans, de la droite et du plan
Plans perpendiculaires
Plans parallèles

La technologie peut se justifier par la théorie Φ: la théorie de la géométrie euclidienne.

Nous pouvons constater que la technique et la technologie Θ définies par rapport au type de tâches T1, étudié dans le cours de Grigo, ne sont pas identiques par rapport à la technique et la technologie Θ définies dans le programme béninois.

4.1.2.2. Organisation didactique

Nous proposons d'étudier l'organisation didactique du cours de Grigo par rapport au type de tâches T1. Nous avons pour cela subdivisé la séance en cinq phases que nous présentons dans les lignes qui suivent.

Phase 1: lignes 001 à 002

Le moment de la première rencontre avec le type de tâche T1 «Représenter l'objet de l'espace dans le plan» est introduit par le travail individuel de la consigne 1 et précisé par le professeur comme suit:

001	00:10:15	P	Vous aviez le temps à la maison pour étudier attentivement les consignes de l'activité 10 et répondre aux questions posées. Vous pouviez utiliser les propriétés du «Parallélisme» pour pouvoir justifier les constructions demandées. Alors, quelqu'un pour nous lire. Merci.

Phase 2: ligne 003 à 008

Le moment de l'exploration de T1 et de l'émergence de la technique τ. Au début, ce moment est caractérisé par les réponses aux questions du professeur, adressées aux élèves par rapport à la position du point K. Dans un second temps, le moment de l'émergence de la technique est caractérisé par les questionnements sur la justification de coplanarité des points H, J, B et D.

003	00:25:10	P	Voilà. Nous avons quelques minutes pour la consultation en

44

			groupe. Comparez votre point de vue avec celui du groupe ....au cas contraire ne rejetez pas facilement votre point du vue (si vous êtes sûr de vous-même)..... (Un des élèves a posé la question au professeur)...Ah oui, vous allez construire les point K et J....Rappelez-vous la définition de la coplanarité des points...OK! Le temps est fini...Alors volontaire au tableau...Merci. (L'élève E8 se désigne lui-même. Il représente au tableau le cube tronqué et écrit les réponses des questions de 1) à 3) sans aucune explication d'abord (C'est la règle du jeu en classe). La classe suit attentivement la représentation et attend le moment d'intervention.
004	00:40:21	P	Bien...et maintenant nous écoutons
005	00:42:05	E8	1. Le point D appartient à la fois aux plans (HBD) et (FGD). Donc les plans sont sécants selon une droite **Δ** et le point D appartient à cette droite. 2. Les droites (HJ) et (FG) sont incluses respectivement dans les plans (HBD) et (FGD)...or le point K est leur intersection...
006	00 :48 :03	P	Le point d'intersection.... ?
007	00 :50 :00	E8	..des droites (HJ) et (FG). Le point K appartient à la droite (FG) qui est incluse dans le plan (FGD)...donc le point K appartient au plan (FGD). D'un autre côté, le point K étant un point de la droite (HJ), appartient au plan (HBD). Alors, on conclut que les points H, J, B et D sont coplanaires. Nous avons le point D qui appartient en même temps aux deux plans distincts (HBD) et (FGD)...Donc les plans (HBD) et (FGD) sont sécants selon la droite (DK).

Phase 3: ligne 008 à 011

Le moment de la construction du bloc technologique, le moment de l'institutionnalisation. Les élèves et le professeur se sont entendus sur la définition de l'intersection de deux plans. Le professeur résume:

008	01 :05 :03	P	Avec votre permission, je résume encore une fois : Nous avons deux points communs D et K de deux plans distincts (HBD) et

			(FGD). Alors, les plans (HBD) et (FGD) sont sécants selon la droite (DK). OK. Et si je veux préciser en général l'intersection de deux plans dans l'espace…Comment vous pouviez me caractériser, plutôt définir leur intersection. (La classe se met en discussion par groupe). Oui… je vous écoute……

Phase 4 : ligne 010 à 012

La technologie construite est utilisée pour justifier la proposition sur l'alignement. Nous avons ici à la fois *des moments de la construction du bloc théorique des techniques et d'institutionnalisation:*

010	01:09 16	P	Alors, question pratique concernant la démonstration d'alignement des points dans l'espace. Quelle est la condition nécessaire et suffisante? (Discussion en groupe. Un des élèves se désigne). Oui….
011	01:13:00	E 30	Il suffit de démontrer qu'il existe deux plans distincts et les points demandés appartiennent aux deux plans à la fois.
012	01:15:15	P	OK! On est d'accord?...Donc, en conclusion…., si je dois démontrer l'alignement de trois points de l'espace, je passe par la démonstration d'existence de deux plans distincts avec les trois points en commun.

Phase 5 : ligne 013 à 030

Comme dans la phase 4, ici aussi on trouve un moment de travail des techniques, qui sont utilisées pour répondre à la question2 de la consigne 2 et aussi le moment du travail de l'organisation mathématique. Par contre aux phases précédentes, où le professeur oriente les élèves par les questions, maintenant les élèves sont mis en travail individuel pendant 10 minutes, et au moment de la mise en commun des résultats, l'élève E8 donne les bonnes réponses au tableau.

016	01:34:06	E8	Première question. Le point commun de deux plans (FGD) et

46

			(BCGH) est le point G. Les plans sont distincts et ils ont le point G commun; ils sont donc sécants suivant une droite (Δ) qui passe par le point G.
017	01:37:22	P	Alors on est prêt maintenant pour répondre à la question 2. On y va.
018	01:38:00	E8	Sous-question (a): dans le cube tronqué les plans (AFD) et (BCGH) sont parallèles. Sous-question (b): l'intersection des plans (AFD) et (GFD) est la droite (FD)
019	01:40:08	P	D'où vient cette conclusion?
020	01:41:00	E8	Les points F et D sont les points communs de deux plans.
021	01:42:01	P	Ok, quelle est, alors, la position relative des droites (FD) et (Δ)?
022	01:42:46	E8	Des deux réponses précédentes on en déduit que les droites (FD) et (Δ) sont parallèles.
023	01:43:21	P	Oui, c'est bon...on continue.
024	01:43:46	E8	Sous-question (c): les droites (FD) et (HC) sont parallèles étant les diagonales respectives de deux plans parallèles.
025	01:44:00	P	Et finalement, la position relative des droites (HC) et (Δ)?
026	01:44:25	E8	Oui, on a la droite (HC) parallèle à la droite (FD) or (FD) est parallèle à (Δ), d'où les droites (HC) et (Δ) sont parallèles.
027	01:45:00	P	Et, finalement, si les droites C sont parallèles, est-ce qu'on peut conclure que les deux droites sont dans les mêmes plans? Quelle est l'intersection des plans (GFD) et (BCGH)? La conclusion?
028	01:46:01	E8	Alors,... les deux droites (HC) et (Δ) sont dans le même plan, L'intersection des plans (GFD) et (BCGH) est la droite passant par G et parallèle à la droite (HC).....
029	01:47:02	P	c'est-à-dire....
030	01:47:25	E8	La droite (Δ).

Sur ce moment la séance a pris fin. Le professeur propose de généraliser, si possible, la méthode de la construction de l'intersection de deux plans distincts.

| 031 | 01:48:00 | P | C'est bon, merci. Vous avez cinq minutes pour mettre au propre les réponses dans vos cahiers...et je vous propose de réfléchir en même temps sur la question suivante: |

47

			pouvez-vous me donner une méthode de la détermination ou construction de l'intersection de deux plans distincts? Je répète: vous aviez le temps pour corriger votre travail mais vous étiez déjà en train de réfléchir par rapport à la question posée.

Après six minutes l'élève E30 a proposé sa production:

033	01:53:35	E30	l'intersection de deux plans distincts est la droite. La construction, probablement, dépend de la position de deux plans, mais n'importe comment, on cherche à avoir au moins deux points communs de deux plans, ou bien, comme dans la consigne 2, la droite parallèle aux deux plans et passant par leur point commun…d'abord.

L'organisation scientifique du cours de Grigo à notre avis fait apparaitre les techniques relevant du type des tâches T1 qui ne sont pas indiquées par le programme béninois. La représentation et la construction dans l'activité, selon nous, est trop facile pour les élèves. Le professeur pouvait compléter l'activité par la consigne 3 (l'évaluation) contenant une représentation complète d'un objet de l'espace. Pendant le cours il y a eu suffisamment d'interactions entre le professeur et les élèves.

4.2. Difficultés des élèves

Une évaluation des élèves ayant suivi le cours de Grigo nous a permis d'identifier quelques difficultés des élèves dans les problèmes de construction. Une épreuve de trois exercices est alors proposée aux trente-et-un élèves en fin d'année scolaire. L'un des exercices est l'activité 10 du cours suivi.

4.2.1. Analyse a priori

Dans le cas du cours parmi six techniques identifiées dans la transposition didactique des problèmes (chapitre 3), les quatre sont indiquées pour la résolution de deux consignes de l'activité 10.

Consigne 1:

La résolution des trois questions nécessite l'utilisation des techniques $\tau 1$. L'exploration des données de l'activité permet alors: d'aboutir à la représentation complète du cube tronqué avec les arêtes cachées [AB],[HB,[CB]; la détermination des positions des points K et J; la définition de la droite (DK) comme étant l'intersection de deux plans (HBD)et (FGD).

Consigne 2:

Pour répondre aux questions du consigne 2), il faut remarquer d'abord que les étapes de construction et les questions posées par rapport aux positions relatives des plans (AFD) et (BCGH), des droites (FD) etΔ, (FD) et (HC), (HC) et Δ, amène les élèves à la conclusion finale.

Les élèves de la classe concernée par notre étude ont résolu une activité de deux consignes portant sur la représentation d'objet de l'espace et la construction des éléments d'intersection des deux plans.

Par la première consigne, ils ont été amenés à compléter la représentation du cube tronqué en plaçant les points B, J et K; en traçant les lignes en pointillés représentant les segments [AB] et [BC]. Finalement, la suite des questions amène les élèves à conclure que les deux plans (HBD) et (FGD) sont sécants selon la droite (DK). Par la suite, la proposition d'alignement de trois points a été proposée aux élèves, on suppose que les élèves sauront utiliser le travail précèdent.

Dans la deuxième consigne, ils ont exploité les mêmes techniques d'indentification des arêtes et de leur représentation. Pour définir l'intersection de deux plans (GFD) et (BCGH), ils ont été amenés à indiquer un point commun à ces deux plans. Par la suite, la détermination de la droite Δ intersection des plans (GFD) et (BCGH) a été proposée aux élèves sous la forme de questions, on suppose que les élèves ont conclu: l'intersection des plans (GFD) et (BCGH) est la droite Δ passant par G et parallèle à (HC).

Les élèves n'ont eu aucune occasion d'effectuer la représentation complète d'un objet de l'espace dans le plan, de travailler avec la trace des plans.

L'analyse des copies nous révèle que:

> Cinq des trente-et-un élèves (soit 16%) n'ont pas représenté le cube tronqué;
> Quatre élèves (soit 12,9%) n'ont pas pu identifier les arêtes cachées de l'objet pour les représenter selon les règles de la perspective cavalière;
> Trois élèves (soit 9,7%) ont eu des difficultés à identifier les arêtes composant l'objet;
> Dix-neuf élèves (soit 61,4%) n'ont pas de difficultés dans la représentation.

En tenant compte de l'enseignement reçu par l'ensemble des élèves concernant le «Parallélisme» et «La représentation des objets de l'espace dans le plan» et des contenus des programmes et des manuels d'enseignement, nous identifions les causes des difficultés des élèves ci-dessous.

> Les programmes de la géométrie dans l'espace au Bénin ne mettent pas suffisamment l'accent sur la représentation des objets de l'espace dans le plan, en tant que technique de construction;

L'enseignement de la géométrie dans l'espace au Bénin est dispensé de manière à privilégier la perspective cavalière.

Le programme Approche par compétence, à notre regard, propose un choix très vaste au niveau de contenu du cours du professeur. Mais, l'insuffisance des professeurs qualifiés a pesé sur la qualité du cours et, par conséquent sur la qualité d'apprentissage des élèves. De plus, l'absence d'un manuel ayant le contenu du programme, à notre avis, complique l'apprentissage des élèves.

4.3. Proposition de nouvelle approche de l'enseignement de la géométrie dans l'espace au Bénin

A notre avis, l'inefficacité du programme selon l'approche par compétence au Bénin s'explique par:

- l'absence dans le manuel des tâches et des techniques indiquées par les instructions officielles au Bénin, comme nous l'avons montré dans l'étude de la transposition didactique de la géométrie;

- l'insuffisance des indications dans le guide pédagogique pour donner tout son sens à la notion de la géométrie dans l'espace.

En tenant compte du niveau de développement du Bénin et de l'expérience russe, nous proposons de façon pratique, que les mathématiques soient enseignées suivant les principes ci-après:

En référence au programme de l'approche par compétence il est prévu un travail individuel des élèves et des temps de recherche. Le guide pédagogique pourrait être accompagné des supports (le cahier d'activité et le manuel conformes au programme), permettant à tous les élèves d'avoir les mêmes conditions de travail. Le cahier d'activité (en deux ou trois versions) pourrait être élaboré, et le manuel pourrait être proposé, par l'institution d'enseignement secondaire et adoptés dans tous les collèges du Bénin.

Aujourd'hui il est nécessaire de revoir la position du gouvernement béninois par rapport à la formation des professeurs pour pouvoir garantir la qualité de l'enseignement et la qualité d'apprentissage des élèves.

CONCLUSION GENERALE ET PERSPECTIVES

Le travail de recherche que nous avons présenté dans ce mémoire s'intéresse au domaine très vaste dans l'enseignement et l'apprentissage de la géométrie spatiale, domaine dans lequel se posent plusieurs problèmes d'ordre didactique. Nous avons choisi de faire une étude comparative des programmes de mathématiques du Bénin et de la Russie au niveau de la géométrie dans l'espace. Notre travail a consisté à étudier l'origine des difficultés des élèves béninois au niveau de la représentation mentale et de la représentation graphique des objets de l'espace dans le plan à travers des études sur la transposition didactique au Bénin et en Russie. Cette étude a consisté à développer une réflexion sur les approches d'enseignement de la géométrie spatiale au Benin.

Au niveau de la transposition didactique et des approches de l'enseignement de la géométrie spatiale:

A partir des tableaux nous constatons que la connaissance et la maitrise de la perspective cavalière comme de la technique de la représentation des objets de l'espace, justifiés par les définitions des droites et plans parallèles et perpendiculaires qui sont les technologies à son tour justifiés par la théorie de la géométrie euclidienne, ne garantit pas une bonne compréhension et exécution des exercices comportant les constructions, les représentations, les déterminations et justifications des intersections. Il est bien évident, que sans pouvoir appliquer la base théorique (en tant que les propriétés et les théorèmes) dans les exercices sur les démonstrations, il est compliqué de faire les représentations, les constructions et les déterminations des intersections dans les objets de l'espace.

Par rapport à notre première hypothèse sur l'organisation praxéologique qui diffère dans les deux institutions, collège béninois et école russe, elle parait juste.

Concernant la deuxième l'hypothèse, il se dégage pour nous parmi les perspectives de recherche l'élaboration d'une ingénierie didactique à moyen terme pour expérimenter l'enseignement de la représentation des objets de l'espace dans le plan basés sur les méthodes des constructions.

REFERENCES BIBLIOGRAPHIQUES

Arsac G. (1992) L'évolution d'une théorie en didactique : l'exemple de la transposition didactique. Recherches en didactique des mathématiques.12 (1) 7-32.

Berthelot, R.,Salin, M-H.(2000-2001). L'enseignement de la Géométrie au début du collège. Comment concevoir le passage de la géométrie du constat à la géométrie déductive ?, IUFM d'Aquitaine et Laboratoire DAEST Université Bordeaux 2, N°56, pp 5à 34

Berthelot,R., Salin, M-H. (1993-1994). *L'enseignement de la géométrie à l'école primaire*, Laboratoire de Didactique des Sciences et Techniques, Université Bordeaux I-IUFM d'Aquitaine, N°53, pp.39 à56

Brousseau, G. (2010).*Les propriétés didactiques de la géométrie élémentaire. L'étude de l'espace et de la géométrie*, Séminaire de Didactique des Mathématiques, Rethymon 2000, Université de Crète, Département des Sciences de l'Education, hal-00515110, version 1-4 sep 2010

Bkouche, R. (2000).*La géométrie dans les premières années de la revue L'enseignement mathématiques.*Symposium Geneva, 20-22 October2000.

Bonafe, F. ET Sauter, M. *Enseigner la géométrie dans l'espace*, p.105-118, Groupe géométrie IREM de Montpellier, tiré sur net le 01/03/2013 à 12 :52)

Chevallard, Y. (1985).*La transposition didactique – du savoir savant au savoir enseigné,* La pensée sauvage, Grenoble (p. 126), cité dans Arsac G. (1992).

Chevallard, Y., Jullien, M. (1990-1991). Autour de l'enseignement de la géométrie au collège, première partie, «petit x» n027 pp. 41 à 76,IREM d'Aix-Marseille.

Chevallard,Y.(1994), L'enseignement .MATH.6. ((1994) ,4)

Chevallard, Y. (1999). Organiser l'étude. Cours 3.Écologie & régulation, Actes de la Xème École de didactique des mathématiques, Corps, La Pensée Sauvage.

Chevallard,Y.(2003)*Didactique et formation des enseignants,* Journées d'études INRP-GEDIAPS, Vingt ans de recherche en didactique de l'Education Physique et Sportive àl'INRP(1983-2003), Paris, 20 mars 2003.

Chaachoua,H. (1997-1998). Géométrie dans l'espace .Le point sur la lecture des dessins par des élèves en fin du collège, Equipe EIAH, Laboratoire Leibniz, Grenoble, N°48, p. 37 à 68

Chaachoua, A. (1997).Fonctions du dessin dans l'enseignement de la géométrie dans l'espace. Etude d'un cas: la vie des problèmes de construction et rapports des enseignants à ces problèmes,Thèse,Université Joseph Fourier, Grenoble 1

Dandjinou, H. (2013), «Apprentissage du calcul élémentaire des probabilités dans les classes terminales D au Bénin. Mémoire de DEA, IMSP à Porto-Novo,BENIN

Duval R. (1994) Les différentes fonctionnements d'une figure dans une démarche géométrique. *Repères17*, 121-138.

Duval, R. (2005).Les conditions cognitives de l'apprentissage de géométrie: développement de la visualisation, différenciation des raisonnements et coordination de leurs fonctionnements. Annales de Didactique et Sciences cognitives, volume 10, p.5-53, IREM de Strasbourg

Doan Huu Hai (2001). L'enseignement de la géométrie dans l'espace au début du lycée dans ses liens avec la géométrie plane-Une étude comparative entre deux institutions: laclasse de seconde en France et la classe 11 au Viêt-Nam. Thèse, Université Joseph Fourier, Grenoble.

Favrat,J.F. *Géométrie au cycle 2 et au cycle 3*, Séance du 08.12.03. imagination.pdf.

Fregona D. (1995) Les figures planes comme "milieu" dans l'enseignement de la géométrie : interactions, contrats et transpositions didactiques. Thèse. Bordeaux :

Université Bordeaux I.

Houdement, C., Kuzniak, A. (2006). Annales 11.*Paradigmes Géométriques etEnseignement de la Géométrie.* Volume 11.p.175-193.2006, IREM de STRASBOURG

Kuzniak, A. (2005). *Diversité des mathématiques enseignées «ici et ailleurs»* : *l'exemple de la géométrie*. (p.p.47-66). Enseigner les mathématiques en France, en Europe et ailleurs. Actes du 32 ^{e} Colloque COPIRELEM. Des Professeurs et des Formateurs de MATHEMATIQUES chargés de la Formation des Maîtres, conférence,IREM de Strasbourg 30-31 mai et 1er juin 2005.

Laborde C. (1988) L'enseignement de la géométrie en tant que terrain d'exploration de phénomènes didactiques. Recherches en Didactiques des Mathématiques 9(3) 337-364.

Laborde C., Capponi B. (1992) Cabri-géomètre constituant d'un milieu pour l'apprentissage de la notion de figure géométrique. In *Séminaire de didactique des Mathématiques et de l'informatique* (pp. 175-218). Grenoble : LSD-IMAG.

Mercier, A.,Tonnelle, J. (1992-1993). *Autour de l'enseignement de la géométrie au collège*, Troisième partie, N°33, pp.5à35.IREM d'Aix –Marseille.

Semusin, A. D. (1962) *L'enseignement des mathématiques dans les écoles secondaires d'URSS*. Organisation des Nations Unies pour l'éducation, la science et la culture. Stage d'étude sur l'enseignement des mathématiques au niveau scolaire. Budapest, 27 août -8 septembre 1962. (Traduit du russe)

Collection Inter Africaine de Mathématiques (CIAM) seconde scientifique, sous la direction de Salifou Touré Professeur à l'Université d'Abidjan, EDICEF, Edition 08, Imprimé en Italie par Legoprint.

Piaget, Inhelder (1947) La représentation de l'espace chez l'enfant (1977). Paris

Pogorelov,A.V.(1992). *Géométrie 7-11,* manuel d'école secondaire, Edition PROSVESCHENIE, MOSCOU.

Postnikov, M. (1981).*Leçons de Géométrie: Géométrie analytique*, Édition MIR MOSCOU.

Walter,A. (2000-2001).*Quelle géométrie pour l'enseignement en collège?* Maîtrise de mathématiques, IREM de Franche-Comté, N°54, pp.31à49

Histoire de la géométrie. http//fr.wikipedia.org/wiki/Histoire de la géométrie. Récupéré le 16/08/2012, 08:38

*Didactique de la géométrie.*eroditi.free.fr/Enseignement/PE1/DDM-Géo.pdf.Didactique des mathématiques-Géométrie.1

ANNEXES

Annexe 1. PROGRAMME D'ENSEIGNEMENT DES MATHEMATIQUES

(LA GEOMETRIE DANS l'ESPACE) AU BENIN.

I. ORIENTATIONS GENERALES DES PROGRAMMES DU 2nd CYCLE

(Dernier version: Edition 2010-2011.Porto-Nono)

Les programmes de mathématiques de l'Enseignement Secondaire ont pour ambition de contribuer à réaliser dans une approche intégrée ou systémique, l'élève dont le profil en fin du second cycle est : un élève qui sait réfléchir par lui-même, entreprenant, autonome, responsable et animé du souci d'amélioration de lui-même, de ses œuvres, de sa société et de son environnement. Les innovations portent sur les orientations, les approches pédagogiques, les démarches d'apprentissage, la gestion du temps.

1. Les valeurs

Le choix d'une dimension de la vie des hommes comme objet d'apprentissage, dépend des valeurs jugées nécessaires à promouvoir. Ce qui caractérise l'époque contemporaine c'est l'importance prise par la mathématique de par son apport déterminant dans les autres branches d'activités de l'homme et les valeurs qu'elles développent.

Les valeurs retenues ici réfèrent aux finalités éducatives assignées à la formation générale des élèves et prises pour le compte de la mathématique au niveau de l'Enseignement Secondaire au Bénin. Elles reflètent les besoins déterminants aujourd'hui dans un contexte de renforcement de la démocratie pluraliste au service du développement durable et de la mondialisation. Fondamentalement ces valeurs s'articulent autour de deux grands pôles: des valeurs d'ordre intellectuel et des valeurs d'ordre méthodologique.

Valeurs d'ordre intellectuel

Elles ont trait à:

-La compréhension des phénomènes et des situations, c'est-à-dire de l'exercice du jugement, la distinction du vrai et du faux, du démontré et du non démontré, du connu et de l'inconnu, l'entraînement à l'organisation logique de la pensée;

- La capacité d'analyse et de synthèse, autrement dit le repérage des éléments les plus significatifs, la reconnaissance des hypothèses, des conséquences, des causes, des moyens d'une situation, la distinction entre l'essentiel et l'accessoire, l'exercice de l'esprit critique;

-L'aptitude à la résolution de problèmes, c'est-à-dire savoir distinguer les causes des effets, formuler des hypothèses et les discuter, faire des choix de solution et les soutenir, développer l'activité mentale, favoriser l'imagination, l'abstraction, l'intuition, l'invention, former à l'esprit scientifique: objectivité, précision, goût de la recherche et production de connaissances;

-L'utilisation de la mémoire, c'est-à-dire savoir fixer son attention, se concentrer et retenir des informations complexes et variées;

-La créativité et l'exercice du sens esthétique; en d'autres termes éveiller et développer le goût de la beauté mathématique présente dans certaines figures du plan et de l'espace, cultiver le goût de l'expression de la pensée: clarté, ordre, précision, concision; faire apparaître et apprécier les liens entre les mathématiques et la beauté formelle des arts;

-L'aptitude à la communication, c'est-à-dire savoir organiser sa pensée, exposer l'information recueillie tant sous sa forme orale qu'écrite, argumenter et débattre un point de vue; convaincre.

Valeurs d'ordre méthodologique

Elles réfèrent à:

la capacité de comprendre les règles, les consignes et de les appliquer, autrement dit connaître les règles, savoir les associer à des situations données, être capable de les appliquer pour trouver la solution en mathématique;

la capacité d'identifier et d'utiliser les sources d'information appropriées, c'est-à-dire connaître la nature des diverses sources documentaires, choisir la bonne source pour repérer l'information recherchée;

la capacité d'utiliser des méthodes appropriées de traitement de l'information.

Par ailleurs, au plan de la formation morale, les mathématiques cultivent le goût de la vérité, de l'objectivité, donc de l'équité. Elle confère le souci d'un besoin de rigueur, de discernement, de clarté dans la vérification et les preuves. Elle développe la volonté d'achèvement et du perfectionnement.

2. Fondements

Le programme du champ de formation mathématique au cours secondaire repose sur des fondements d'ordre psychologique, politique, didactique et pédagogique, moral et éthique.

Fondements d'ordre psychologique

Le développement de la psychologie cognitive et la connaissance de nouvelles théories de la cognition autorisent à penser que l'élève du second cycle de l'enseignement secondaire doit faire la mathématique. Dans son évolution, chaque science connaît des crises qu'on arrive à surmonter grâce à une étude critique qui conduit à la clarification de certains concepts relatifs à l'objet de cette science, à sa méthode ou à ses résultats. La conséquence, c'est le dynamisme nouveau qu'on insuffle à cette science qui connaît ainsi des bonds prodigieux en se diversifiant.

En tant que science, la mathématique n'échappe pas à cette loi; c'est ainsi que dans son développement, elle a pénétré presque toutes les autres branches d'activités au service de l'homme.

La réalisation d'un individu autonome, entreprenant, ayant le goût de la recherche, responsable de son développement et de celui de son environnement tel que le prévoit le profil de sortie des élèves de nos lycées et collèges de l'Enseignement Secondaire passe par une formation mathématique conséquente.

Fondements d'ordre politique

Dans le document cadre de déclaration de politique éducative, il a été écrit que: "le système sera conçu pour promouvoir l'excellence et former l'élite dont le pays a besoin pour assurer son développement dans son environnement compétitif".

La volonté politique est ainsi clairement affirmée de promouvoir l'enseignement de la mathématique au Bénin.

Fondements d'ordre didactique et pédagogique

Les progrès enregistrés aux plans épistémologique et psychologique et au regard du contexte politique favorable à la réalisation du profil souhaité permettent de développer des approches et stratégies pédagogiques pertinentes pour une appropriation heureuse de la mathématique. A cet effet, les approches pédagogiques privilégiées au premier cycle de l'Enseignement Secondaire doivent se poursuivre, s'approfondir et se consolider au second cycle, favorisant ainsi l'articulation entre le premier et le second cycle.

Fondements d'ordre moral et éthique

Si l'on admet que le développement est le fruit de la conjugaison d'un labeur et d'un état d'esprit par essence, on comprendra que la problématique de développement du Bénin requiert entre autres pistes de solutions, l'éducation pour un changement de mentalité et pour une bonne moralité.

En effet, on observe aujourd'hui au Bénin une dégénérescence d'ordre éthique et moral, dont l'expression est:

Le non définition claire de la notion du bien public;

Le non-respect du bien public et la recherche de la facilité;

Le manque du goût de l'effort;

L'indiscipline dans la gestion et dans les comportements de tous les jours. Il est donc impérieux de donner aux jeunes béninois une formation mathématique de qualité. En effet, l'une des contributions de la mathématique à la formation d'un élève préparé à être producteur du développement réside dans sa capacité à la fin de l'Enseignement Secondaire, à s'attacher à la recherche et la défense de la vérité par la preuve. En outre, la formation mathématique, de par les habiletés et les attitudes qu'elle permet de développer à savoir entre autres:

-le souci de connaître et de comprendre le principe des choses;

-la probité et la lucidité à l'égard de ses propres observations, de ses ignorances, de ses opinions et de ses déductions personnelles,

-participe à forger une personne, concentrée, attentive, volontaire, rigoureuse et disciplinée. La culture mathématique, de par son mode de pensée induit le rejet des "à peu près" et des présupposés. Elle exige un travail bien fait, un travail achevé en même temps que la recherche permanente d'un prolongement de l'action.

Par ailleurs, il est dit qu'en mathématique, il ne suffit pas de découvrir et de dire la vérité, mais il faut en donner la preuve, c'est-à-dire démontrer, justifier, convaincre par un enchaînement logique de propositions vraies déduites les unes des autres. Par conséquent, la formation mathématique est orientée dès le cours primaire à participer à l'édification d'un trait de caractère qui fait de l'apprenant un conquérant permanent de la vérité, du justifié, de ce qui est établi.

L'apprenant recherchera dans toutes situations de communication à convaincre ou à être convaincu par des preuves. Il prendra le temps de réfléchir et d'analyser, d'identifier les pistes de solution et de rechercher des preuves de ce qu'il va dire ou écrire. Il exigera également à n'être convaincu que par une argumentation soutenue par des preuves et qui obéit à une logique induite de celle qu'il met en œuvre dans la démarche disciplinaire mathématique.

3. Nature et objets d'étude

La mathématique est une science, un ensemble cohérent d'objets, de méthodes et de règles. Les objets dont il s'agit, sont des inventions de l'esprit qui proviennent souvent d'une exploration, puis d'une exploitation et d'une codification de la réalité. On peut citer: les nombres, les opérations, les configurations de l'espace et du plan et les grandeurs mesurables. La mathématique est donc par essence un excellent moyen de formation intellectuelle. Elle consolide l'autonomie des élèves et facilite la poursuite de leur formation postscolaire. Elle devra donc contribuer conséquemment à l'acquisition des compétences indispensables pour assurer leur rôle dans toute société sans cesse exigeante. Cette option conforte les mathématiques dans leur rôle et leur caractère utilitaire. En effet, l'une de leurs forces principales réside dans la résolution de problèmes en partant du réel complexe et contextuel au simple, abstrait et synthétique. Le traitement des relations par des règles, d'induction et de déduction libère, enrichit la capacité d'exploration et de maîtrise du même réel lors du transfert et de l'intégration au cours de la contextualisation.

En s'engageant dans le processus de résolution des problèmes mathématiques, l'élève est amené à transmettre ou interpréter des messages dans un langage approprié. Ainsi, la mathématique est un instrument de pensée, un moyen de communication et d'action efficace sur la réalité.

Au total, par le développement des compétences mathématiques, l'autonomie s'installe progressivement et permet à l'élève en fin de cycle de faire face à des situations de vie de plus en plus variées et complexes.

Les programmes de mathématiques du 2nd cycle de l'enseignement secondaire visent à développer des compétences. Pour ce faire ils veillent en particulier à:

1) Assurer les continuités et la progressivité

Les programmes par compétences prennent en compte les notions acquises soit à l'école primaire, soit à un niveau donné du cursus en évitant ainsi de les perdre. En effet chaque notion n'est pas un bloc d'un seul tenant et n'a pas à être étudiée de façon exhaustive la même année. Chaque année, l'objectif sera de consolider et d'enrichir les acquis des années précédentes. C'est pourquoi il conviendra de faire fonctionner les notions et les "outils" mathématiques déjà étudiés, dans des situations nouvelles et non sous forme d'activités qui pourraient avoir un caractère de révision.

2) Donner du sens aux concepts

Il est nécessaire de donner du sens aux concepts, de faire fonctionner les nouveaux outils et ceci avant toute formalisation.

Cela suppose qu'il faut trouver des situations qui permettent aux élèves:

-d'utiliser leurs propres connaissances;

-de prendre conscience qu'elles sont insuffisantes;

-d'acquérir des connaissances nouvelles mieux adaptées à la situation.

3) Renforcer le plus possible l'initiation de l'élève au raisonnement

L'apprentissage du raisonnement présent de nombreuses difficultés et peu d'élèves maîtrisent ce savoir-faire à l'entrée dans le second cycle.

Désormais, le professeur saisira toutes les occasions, pour faire raisonner les élèves. Il proposera à l'élève des activités de résolution d'exercices et de problèmes visant à améliorer sa capacité à argumenter, à émettre des conjectures, à les valider par une preuve, ou à les infirmer par des contre-exemples. La résolution de problèmes et l'étude de situations doivent donc occuper une part importante du temps de travail en classe.

Il est essentiel que l'élève:

-donne du sens à la démonstration (on ne démontrera pas des évidences);

-éprouve le besoin de démontrer (par exemple pour convaincre un autre élève);

-soit capable d'organiser un raisonnement (par exemple à l'aide d'un déductogramme).

Le niveau d'exigence et de rigueur sera fonction des outils disponibles et du niveau des élèves. La rigueur est par définition relative: elle dépend de la personne qui produit la démonstration et du destinataire.

4) Rendre l'élève actif

C'est l'élève qui doit construire ses savoirs mathématiques. La méthodologie utilisée ici répond à une des finalités de l'école : former des personnes autonomes, dotées d'un sens critique et capables d'initiatives réfléchies. Ainsi les programmes d'études par compétences visent à favoriser le développement des capacités de travail personnel de l'élève et de son aptitude à chercher, à communiquer et à justifier ses affirmations. C'est l'élève qui doit, dans la mesure du possible, décider d'une stratégie pour résoudre un problème donné.

5) Adapter l'enseignement des mathématiques à l'environnement socioculturel de l'élève

L'école ne doit pas couper l'élève de son milieu socioculturel. Faire découvrir aux élèves les mathématiques contenues dans les techniques originales que les artisans utilisent pour résoudre les problèmes dans leur pratique de tous les jours, les rendra fiers de leur culture.

6) Faciliter l'évaluation des savoirs et savoir-faire fondamentaux

II. MODE D'EMPLOI DU GUIDE.

Les situations d'apprentissage proposées dans ce guide ne sauraient être assimilées à des fiches pédagogiques. Il s'agit, pour l'enseignant(e), d'opérer des choix pertinents en tenant compte des potentialités de ses apprenants, des indications pédagogiques, du matériel disponible, etc....

Il est recommandé à l'enseignant(e) de se référer aux documents d'accompagnement pour mieux comprendre l'esprit dans lequel les situations de départ ont été proposées.

DÉROULEMENT

Durée : 18heures (2nde D)

Stratégies d'enseignement / apprentissage : Brainstorming, travail individuel, travail en groupe et travail collectif.

Matériel: objets familiers

1) Situation de départ

Un vent violent a décoiffé la toiture du domicile de Kodjo, un élève en classe de 2nde C au Lycée Mathieu Bouké. Pour l'informer, son frère lui adresse le message ci-dessous :

"Voici ce qu'est devenue la toiture de notre maison après le passage du grand vent qui a précédé la pluie de la nuit dernière".

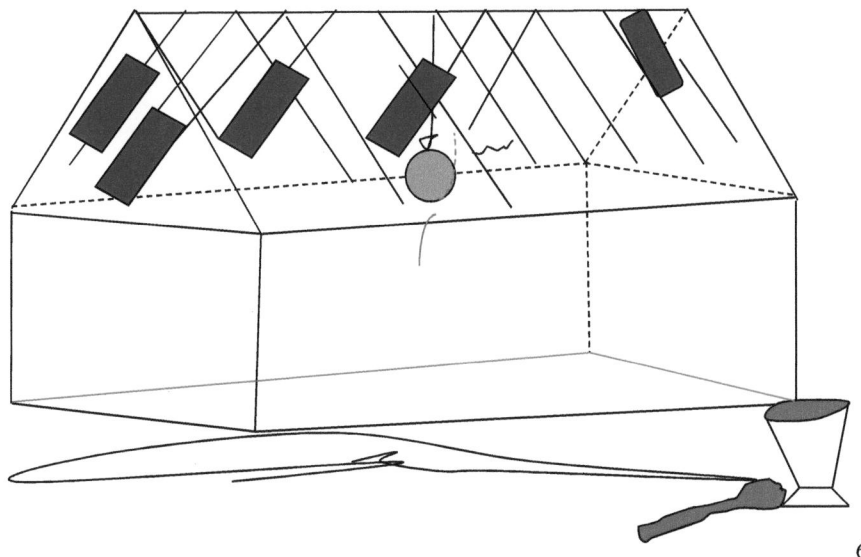

A la vue de ce dessin un ami de Kodjo voudrait étudier cette représentation de la toiture.

Tâche: Tu vas te construire des connaissances nouvelles en mathématique. Pour cela tu auras à:

Consignes

Exprimer ta perception de chacun des problèmes posés;

Analyser chaque problème posé;

Mathématiser chacun des problèmes posés;

Opérer sur l'objet mathématique que tu as identifié pour chacun des problèmes;

Améliorer au besoin ta production.

CONTENUS NOTIONNELS	INDICATIONS PEDAGOGIQUES
1- Représentation dans le plan d'objets de l'espace	Faire - représenter des objets de l'espace dans le plan. N.B : Le cours s'appuiera sur les solides de l'espace. Les conventions de la perspective cavalière seront rappelées en classe lors de la représentation plane d'un objet de l'espace.
Positions relatives d'une droite et d'un plan de l'espace	Faire - reconnaître les positions relatives d'une droite et d'un plan

3-Positions relatives de deux plans de l'espace	de l'espace. * (D) et (P) sont parallèles signifie : (D) ∩ (P) = (D) ou (D) ∩ (P) = { } * (D) et (P) sont sécants en un point I signifie que (D) ∩ (P) = {I}. - étudier la position d'une droite donnée par rapport à un plan donné. Le professeur pourra saisir cette occasion pour présenter les notions de: proposition, proposition vraie, proposition fausse, implication, implication réciproque d'une implication, équivalence logique, le connecteur logique "ou"
4-Positions relatives de deux droites de l'espace	Faire: -reconnaître les positions relatives de deux plans de l'espace; énoncer la propriété: Etant donnés deux plans (P) et (Q), les différentes positions relatives sont: (P) et (Q) sont confondus; l'intersection de (P) et (Q) est une droite; (P) et (Q) sont disjoints. utiliser cette propriété;
5- Etude du parallélisme de deux droites de l'espace	énoncer les définitions: Deux plans confondus ou disjoints sont dits parallèles; Deux plans non parallèles sont dits sécants; leur intersection est alors une droite.

Faire:

- reconnaître les positions relatives de deux droites de l'espace.

Deux droites de l'espace sont soit coplanaires (sécantes ou parallèles), soit non coplanaires.

- définir deux droites coplanaires

Deux droites de l'espace sont coplanaires si seulement si elles sont contenues dans un même plan (auquel cas elles sont soit sécantes, soit parallèles)

- étudier les positions relatives de deux droites de l'espace

caractériser un plan

* Trois points non alignés définissent un plan et un seul.

* Une droite et un point n'appartenant pas à cette droite définissent un plan et un seul.

* Deux droites sécantes définissent un plan et un seul.

* Deux droites strictement parallèles définissent un plan et un seul.

Faire:
- énoncer les propriétés du parallélisme de droites.
* Par un point donné de l'espace, on peut tracer une droite et une seule parallèle à une droite donnée.
N.B: La propriété mentionnée ci-dessus sera admise.

* Lorsque deux droites de l'espace sont parallèles, tout plan

qui coupe l'une coupe l'autre.

<u>N.B</u>: La propriété mentionnée ci-dessus sera démontrée (on pourra utiliser un raisonnement par l'absurde). La démonstration de cette propriété donnera l'occasion de présenter **la méthode de raisonnement par l'absurde**
* Lorsque deux droites de l'espace sont parallèles à une même troisième, elles sont parallèles entre elles.

<u>N.B</u> : Cette propriété sera admise.
- utiliser ces propriétés
-énoncer les propriétés du parallélisme d'une droite et d'un plan.

Faire démontrer les propriétés suivantes:

* Une droite donnée de l'espace est parallèle à un plan si et seulement si elle est parallèle à une droite de ce plan;

NB: La démonstration des propriétés utilisant l'expression "si et seulement si" donnera l'occasion au professeur de mettre l'accent sur l'équivalence logique de deux propositions.

* Si une droite (D) est parallèle à un plan (P) alors toute droite parallèle à (D) est parallèle à (P).

* Une droite de l'espace parallèle à deux plans sécants de l'espace est parallèle à leur intersection.
Faire: énoncer les propriétés du parallélisme de deux plans.

Ces six propriétés seront démontrées

* Deux plans sont parallèles si et seulement si l'un d'eux contient deux droites sécantes parallèles à l'autre ;
* Deux plans parallèles à un même troisième sont parallèles entre eux.
*Par un point donné de l'espace, il passe un plan et un seul

	parallèle à un plan donné;
	* Lorsque deux plans sont parallèles, tout plan qui coupe l'un coupe l'autre et les droites d'intersection sont parallèles.
	* Lorsque deux plans sont parallèles, toute droite parallèle à l'un est parallèle à l'autre;
	* Lorsque deux plans sont parallèles, toute droite qui coupe l'un coupe l'autre.
	- utiliser ces propriétés
	- construire des intersections
	* de droites de l'espace;
	* de plans de l'espace

Annexe 2. LA TRANSCRIPTION DU COURS DE GRIGO

Etablissement: Collège Catholique Père AUPIAIS de Cotonou

Niveau: classe de seconde C   Effectif: 31

Date: 16 octobre 2012

Heure: 17 h

Les élèves sont assoient en classe en 5 groupes de 6(un groupe de 7).Le professeur s'organise avec les élèves d'avoir les fiches qui représentent les cahiers d'activité avec les notions et l'information (nommées document du travail) avant de commencer chapitre. Avant le démarrage, aux élevés été annoncer que je suis avec eux dans le cadre d'une étude scientifique et les élèves sont invités à travailler habituellement avec leur professeur.

Les élèves sont numérotés de E1 à E31.Lorsque l'élève intervenant est identifié, il est indiqué par son numéro. La lettre P désigne le professeur.

Numération	Temps	Acteurs	Echanges verbaux	Remarques
001	00 :10 :15	P	Vous aviez le temps à la maison pour étudier attentivement les	Le document en question est le

			consignes d'activité 10 et répondre aux questions posées. Vous pouviez utiliser les propriétés du « Parallélisme » pour pouvoir justifier les constructions demandées. Alors, quelqu'un pour nous lire. Merci.	cahier d'activités élaboré par le professeur
002	00 :15 :06	E5	ACTIVITE10. Consigne 1. Cherchons l'intersection du plan (HBD) et du plan (FGD) d'un cube tronqué ABCDFHG (ABCD est le carré de la base et le triangle FHG est la face supérieure (complétez la représentation)). Vous remarquez d'abord que le point D appartient aux deux plans. Ces deux plans sont distincts et ils ont un point commun D, ils sont sécants suivant une droite qui passe par D. Déterminons un deuxième point commun aux deux plans .Désignons par J le huitième sommet du cube dont les sept premières sont A, B, C, D, F, G, H. Complétons le cube et désignons par K le point d'intersection des droites (FG)et (HJ). Montrez d'abord que K appartient au plan (FGD).Montrez ensuite que les quatre points H, B, D, J sont coplanaires,	

				puis que le point K appartient au plan (HBD). Vous concluez : L'intersection des plans (HBD) et (FGD) est la droite (DK). Remarque : Justifier la proposition suivante : Pour démontrer que trois point de l'espace A, B, C sont alignés, il suffit de démontrer qu'il existe deux plans distincts P etP1 auxquels chacun de ces trois points appartient	
003	00 :25 :10	P		Voilà. Nous avons quelque minute pour la consultation en groupe. Comparez votre point de vue avec celui du groupe ….au cas contraire ne rejetez pas facilement votre point du vue (si vous êtes sûr de vous-même)….. (Un des élèves a posé la question au professeur)…Ah oui, vous allez construire les point K et J….Rappelez-vous la définition de la coplanarité des points…OK ! Le temps est fini…Alors volontaire au tableau…Merci. (L'élève E8 se désigné lui-même. Il représente au tableau le cube tronqué et écrit les réponses des questions de 1) à 3) sans aucune explication d'abord (C'est la règle de jeu en classe).La classe

			suivi attentivement la représentation et attend le moment d'intervention.	
004	00 :40 :21	P	Bien…et maintenant nous écoutons	
005	00 :42 :05	E8	1. Le point D appartient à la fois aux plans (HBD) et (FGD).Donc les plans sont sécants selon une droite Δ et le point D appartient à cette droite. 2. Les droites (HJ) et (FG) sont incluses respectivement dans les plans (HBD) et (FGD)…or le point K est leur intersection	
006	00 :48 :03	P	Le point d'intersection…. ?	
007	00 :50 :00	E8	..des droites (HJ) et (FG). Le point K appartient à la droite (FG) qui est incluse dans le plan (FGD)…donc le point K appartient au plan (FGD).D'autre côté, le point K étant un point de la droite (HJ), appartient au plan (HBD).Alors, on conclut que les points H, J, B et D sont coplanaires. Nous avons le point D qui appartient en même temps aux deux plans distincts (HBD) et (FGD)…Donc les plans (HBD) et (FGD) sont sécants selon la droite (DK).	
008	01 :05 :03	P	Avec votre permission, je résume encore une fois : Nous avons deux points communs D et K de deux plans distincts (HBD) et	

				(FGD) .Alors, les plans (HBD) et (FGD) sont sécants selon la droite (DK).OK. Et si je veux préciser en générale l'intersection de deux plans dans l'espace…Comment vous pouviez me caractérisez, plutôt définir leur intersection. (La classe se mis en discussion par groupe). Oui… je vous écoute……
009	01 :07 :10	E19		Il suffit de trouver deux points distincts, appartenant au deux plans à la fois
010	01 :09 :16	P		Alors, question pratique concernant la démonstration d'alignement des points dans l'espace. Quel est la condition nécessaire et suffisante ? (Discussion en groupe. Un des élèves se désigne).Oui….
011	01 :13 :00	E 30		Il suffit de démontrer qu'il existe deux plans distincts et les points demandés appartiennent aux deux plans à la fois.
012	01 :15 :15	P		OK ! On est d'accord ?...Donc, en conclusion…., si je dois démontrer l'alignement de trois points de l'espace, je passe par la démonstration d'existence de deux plans distincts avec les trois points en commun.
013	01 :17 :03	P		Vous avez quelque minute pour rédiger vos notes dans les

			cahiers… et on continue
014	01 :20 :00	P	Alors, consigne 2…. vous avez dix minutes pour le travail individuelle. Notez les étapes de la construction en même temps…Ah ?...Oui…Le temps nous presse un peu …Réfléchissez en même temps qui sera candidat libre pour le tableau. Ok ! On y va…
015	01 :29 :25	P	A votre attention ! On change l'activité…comparez les résultats en groupe …et je veux bien voir consigne 2 au tableau. (Il y a une petite discussion et un des élèves se lève pour le tableau)
016	01 :34 :06	E8	Première question. Le point commun de deux plans (FGD) et (BCGH) est le point G. Les plans sont distincts et ils ont le point G commun ; ils sont donc sécants suivant une droite (Δ) qui passe par le point G.
017	01 :37 :22	P	Alors on est prêt maintenant pour répondre à la question 2. On y va.
018	01 :38 :00	E8	Sous-question(a) : dans le cube tronqué les plans (AFD) et (BCGH) sont parallèles. Sous-question(b) :l'intersection des plans (AFD) et (GFD) est la droite (FD)
019	01 :40 :08	P	D'où vienne cette conclusion ?
020	01 :41 :00	E8	Les points F et D sont les points

			communs de deux plans.
021	01 :42 :01	P	: Ok, quelle est, alors, la position relative des droites (FD) et (Δ) ?
022	01 :42 :46	E8	: Des deux réponses précédentes on en déduit que les droites (FD) et (Δ) sont parallèles.
023	01 :43 :21	P	: Oui, s'est bon…on continue.
024	01 :43 :46	E8	Sous-question(c) : les droites (FD) et (HC) sont parallèles étant les diagonales respectives de deux plans parallèles.
025	01 :44 :00	P	Et finalement, la position relative des droites (HC) et (Δ)
026	01 :44 :25	E8	Oui, on a la droite (HC) parallèle à la droite (FD) or (FD) est parallèle à (Δ), d'où les droites (HC) et (Δ) sont parallèles.
027	01 :45 :00	P	Et, finalement, si les droites C sont parallèles, es qu'on peut conclure que les deux droites sont dans les mêmes plans ? Quelle est l'intersection des plans(GFD) et (BCGH) ? La conclusion ?
028	01 :46 :01	E8	Alors,… les deux droites(HC) et (Δ) sont dans le même plan, L'intersection des plans(GFD) et (BCGH) est la droite passant par G et parallèle à la droite (HC)…..
029	01 :47 :02	P	c'est-à-dire….
030	01 :47 :25	E8	: La droite (Δ).

031	01:48:00	P		C'est bon, merci. Vous avez cinq minutes pour mettre en propre les réponses dans vos cahiers…et je vous propose de réfléchir en même temps sur la question suivante : Pouviez-vous me donner une méthode de la détermination ou construction d'intersection de deux plans distincts ? Je répète : vous aviez le temps pour corriger votre travail mais vous étiez déjà en train de réfléchir par rapport à la question posée.
032	01:53:00	P	Oui…	
033	01:53:35	E30		:l'intersection de deux plans distincts est la droite .La construction, probablement, dépend de la position de deux plans, mais n'importe comment, on cherche à avoir au moins deux points communs de deux plans, ou bien, comme dans le consigne 2, la droite parallèle aux deux plans et passant par leur point commun…d'abord.
034	01:54:40	P		On est d'accord ? (réaction en classe) Ok, complétez la solution…dépêchez-vous un peu ….
035	01:56:00	P		Merci. Pour aujourd'hui on a fini.

Annexe 3 . PROGRAMME DE LA GEOMETRIE DANS L'ESPACE EN RUSSIE

Manuelle «Géométrie 7-11»A.V.POGORELOV. Dixième classe

(2 heures par semaine, total 68 heures)

N°	Contenue du programme	Nombre des heures

	Première semestre (31 heures)	
	Axiomatisation de la géométrie de l'espace. Conséquences (7h)	
1, 2	Les axiomes de la stéréométrie. L'existence du plan (P) passant par le point A et la droite Δ donnés.	2
3, 4	L'intersection de la droite Δ avec le plan (P). L'existence du plan (P) passant par trois points donnés. Remarques d'axiome 1.	3
5, 6	Division de l'espace en deux demi l'espaces	2
7	Contrôle N1.	1
	Etude du parallélisme (16 h).	
8, 9, 10	Les droites parallèles dans l'espace. L'indice du parallélisme des droites.	3
11, 12, 13, 14	L'indice du parallélisme de la droite Δ et du plan(P). Résolution des problèmes (séance des exercices).	4
15	Contrôle N2.	1
16, 17, 18, 19	L'indice du parallélisme des plans. L'existence du plan (P) parallèle au plan (P') donné. Les propriétés des plans parallèles.	4
20, 21, 22	Représentation des figures de l'espace dans le plan. Résolution des problèmes (séance des exercices).	3
23	Contrôle N3	1
	Orthogonalité des droites dans l'espace (20 h)	

24, 25	Orthogonalité des droites dans l'espace.	2
26, 27, 28	L'indice d'orthogonalité de la droite et du plan	3
29, 30, 31	Construction de la droite et plan orthogonales .Propriétés	3
32, 33, 34, 35	Deuxième semestre (37 heures) Perpendiculaire et l'inclinée .Théorème de trois perpendiculaires .Séance des exercices.	4
36	Contrôle N4.	1
37, 38, 39, 40	L'indice d'orthogonalité des plans. La distance entre les droits nos coplanaires.	4
41, 42	Exploitation pratique de la projection orthogonale en représentation des objets de l'espace. Séance des exercices.	2
43	Contrôle N5.	1
	Les vecteurs dans l'espace (19 h)	
44	Base et repère dans l'espace. La distance entre deux points de l'espace. Les coordonnées du milieu d'un segment.	1
45, 46	Symétries dans l'espace. La nature de la symétrie. Translation.	2
47, 48	Semblance des figures dans l'espace. Séance des exercices.	2

49, 50, 51	Angle entre les droites coplanaires. Angle entre la droite Δ et le plan (P). Séance des exercices.	2
	Contrôle N6.	1
52,53, 54,55, 56,	L'espace vectorielle. Opérations sur les vecteurs dans l'espace. Séance des exercices.	5
57	Contrôle N7.	1
58	Révision	5

Les variantes des contrôles (durée 45 min)

(Deux variantes sont proposées).

CONTROLE N1.

Variante 1.

Les points A, B, C et D ne sont pas coplanaires. Et il possible que les droites (AB) et (CD) sont sécantes ?
Démontrer qu'il existe au moins un plan passant par deux points distincts.
La droite (D) passe par le point d'intersection des droites (AB) et (AC).Les droites (D), (AB) et (AC) ne sont pas coplanaires .Démontrer que les droites (D) et (BC) ne sont pas sécantes.

Variante 2.

1. Les droites (AB) et (CD) ne sont pas coplanaires .Les droites (AC) et (BD) soit-il sécantes ?

2. La droite Δ est incluse dans le plan (P).Démontrer qu'il existe un plan (P') passant par Δ différant de (P).

3. La droite (L) est incluse dans le plan (Q) ; la droite (M) est sécante au plan (Q) et leur point d'intersection n'appartient pas à la droite (L).Démontrer que les droites (L) et (M) ne sont pas sécantes.

CONTROLE N2.

Variante 1.

La droite Δ et le plan (P) sont parallèles .Est-il possible qu'une droite quelconque du plan (P) est parallèle à Δ ? Soit le triangle ABC et le plan (P) qui est parallèle à la droite (AB).Le plan (P) coupe (AC) en A1, (BC) en B1.Déterminer A1B1 sachant que AB=25 cm, AA1 :A1C=2 :3.Les parallélogrammes ABCD et ABC1D1 définissent les plans différents. Démontrer que les droites (CC1) et (DD1) sont parallèles.

Variante 2.
Est-il vrai que deux droites étant parallèles au même plan sont parallèles entre eux ?
Soit le triangle ABC et le plan (P) qui est parallèle à la droite (BC).Le plan (P) coupe (AB) en B1, (AC) en C1.Déterminer A1C1 sachant que BC=12 cm, AB1 :B1B=3 :5.
Les trapèzes ABCD et ABC1D1 avec les bases respectives AB, CD et AB, C1D1 définissent les plans différents. Démontrer que leurs droites des milieux sont parallèles.

CONTROLE N3. (30 MIN)

Variante 1.

Est-il possible que les plans (P) et (R) sont parallèles lorsque la droite (D) du plan (P) est parallèle au plan (R) ? Justifier votre réponse. Ils existent deux plans parallèles (P) et (R) et le point O (O$\notin$(P) et O$\notin$(R), de plus le point O se trouve entre les plans donnés).Les deux droites distinctes

(D) et (D1) passantes par le point O coupent les plans en points A et A1, B et B1.Déterminer A1B1 sachant que AB=18cm, AA1 :OA1=8 :5.

Variante 2.

1. Deux plans sont parallèles à une même droite. Est-il possible que les plans sont sécants ? Justifier.

2. Les points A et appartiennent à un des plan parallèles et les points C et D à l'autre. Les segments [AC] et [BD] sont sécants en point M.BD=15cm, DC=6cm.Déterminer DM.

<u>CONTROLE N4.</u>

Variante 1.

Soient dans l'espace le plan(P) et le pont M. Par le point M on a mené deux droites inclinées (MA), (MB) et la perpendiculaire (MO).Déterminer la longueur de la projection d'inclinée MB, sachant que MA=10cm, AO=6cm, MB=17cm.

Soit le triangle ABC rectangle en C (mes=45°), BC=3cm.Par la cathète BC on mène le plan (P). La distance du sommet A au plan (P) est égale à $\sqrt{2}$ cm.

a)Calculer la projection d'hypoténuse sur le plan (P).

b) Démontrer que la droite (BC) est perpendiculaire au plan détermine par (AC) et sa projection sur (P).

Le point A est équidistant du sommeilles d'un rectangle .Déterminer cette distance sachant que : la diagonale du rectangle est égale à 24 cm, la distance du point A au plan du rectangle égale à 5 cm.

Variante 2.

Soient dans l'espace le plan(P) et le pont K. Par le point K on a mené deux droites inclinées (KA) et (KB) et la perpendiculaire (KO).Déterminer la longueur d'inclinée KB sachant que la projection de (AK) sur (P) égale à 5 cm.

Soit le carré ABCD (AB=5cm) et le plan (Q) passant par (BC).La distance du point D au plan (Q) est égale à 1 cm.

Déterminer la projection de la diagonale BD dans (Q).

Démontrer que la droite (BC) est perpendiculaire au plan détermine par (DC) et sa projection.

La longueur d'hypoténuse AB d'un triangle rectangle ABC est égale à 12 cm. Il existe dans l'espace un point quelconque N équidistant des sommeils du triangle. Cette distance est égale à 10 cm. Déterminer la distance du point N au plan (ABC).

CONTROLE N5

Variante 1.

Soit deux plans perpendiculaires (P) et (Q) tels que A∈ (P) et B∈ (Q).Les plans sont sécantes selon la droite Δ. (AC) et (BD) sont perpendiculaires à Δ.AC=8 cm, BD=12 cm, CD=9 cm .Déterminer AB.

Soit le carré ABCD avec AB=a. La droite (DK) est perpendiculaire au plan (ABC).DK=a$\sqrt{3}$ .Déterminer :

L'aire du triangle AKB ;

La distance entre les droites coplanaires (BC) et (AK).

Sur la figure préciser les plans perpendiculaires et leurs droites d'intersection.

Variante 2.

Soit deux plans perpendiculaires (P) et (Q) tels que A∈ (P) et B∈ (Q).Les plans sont sécantes selon la droite Δ. (AC) et (BD) sont perpendiculaires à Δ.AD=5 cm, BC=6 cm, CD=4 cm .Déterminer AB.

Soit le rectangle ABCD avec BC=a et AB=2a. (BM) est la perpendiculaire au plan (ABC), BM=a$\sqrt{3}$ .Déterminer :

L'aire du triangle MDC ;

La distance entre les droites coplanaires (MC) et (AD).

Sur la figure préciser les plans perpendiculaires et leurs droites d'intersection.

CONTROLE N6.

Variante 1.

Soit dans l'espace muni d'un repère orthonormé (O, I, J) le point A (4 ;-2 ; 3).Déterminer sur l'axe OI le point M tel que d (M, A)=7.

Soit ABCD un parallélogramme avec A (0 ; 2 ;-3), B (-1 ; 1 ; 1), C (2 ;-2 ;-1).Déterminer les coordonnées du point D.

La distance du point M au plan (P) est égale à 6cm.par le point M on mène deux droites inclinées dont forment avec (P) l'angle de 30° et perses le plan (P) en A et B. Déterminer AB.

Variante 2.

1. Soit dans l'espace muni d'un repère orthonormé (O, I, J) le point A (-3;2 ; 4). Déterminer sur l'axe OJ le point M tel que d (M, A)=13.

Soit ABCD un parallélogramme avec A (1 ; -2 ; 7), B (2 ; 3 ; 5), C (-1 ; 3 ; 6). Déterminer les coordonnées du point D.

La distance du point M au plan (P) est égale à 3cm.par le point M on mène deux droites inclinées dont forment avec (P) l'angle de 60° et perses le plan (P) en A et Déterminer AB.

CONTROLE N7.

Variante 1.

Pour quelles valeurs de m les vecteurs $\vec{a}(1 ;-2 ;4m)$ et $\vec{b}(2 ;2m+1 ;-m)$ sont perpendiculaires ?

Dans le triangle ABC A (1 ; 0 ; 2), B (-1 ; 0 ; 2), C (3 ; 1 ; 0). Déterminer la mesure d'angle A.

Deux triangles isocèles ABC et BCD ont la même base BC.BC=48dm, AB=30dm, BD=26dm, la distance entre les sommeils A et D est égale à $2\sqrt{61}$dm. Déterminer la mesure d'angle formé par les deux plans (ABC) et (BCD).

Variante 2.

Pour quelles valeurs de n les vecteurs $\vec{a}(n ;-2 ; 1)$ et $\vec{b}(n ; 1 ;-n)$ sont perpendiculaires ?

Dans le triangle ABC A (1 ; 3 ; 0), B (1 ; 0 ; 4), C (-2 ; 1 ; 6). Déterminer la mesure d'angle A.

Deux triangles isocèles ABC et AMC ont la même base AC.AC=36m, mes ACB= 30°, mes CAM= 60°, la distance BM= $6\sqrt{21}$dm. Déterminer la mesure d'angle formé par les deux plans (ABC) et (AMC).

Annexe 4. SYSTEME EDUCATIF BENINOISE

(D'après le Tableau de Bord Social .Profils socio – économiques et indicateurs de développement. Cotonou août 2009)

La majorité des pays d'Afrique Sub-Saharienne se sont engagés dans la mise en œuvre de Stratégies de Lutte contre la Pauvreté, le plus souvent à travers des Documents de Stratégie de Réduction de la Pauvreté ou Stratégie de Croissance pour la Réduction de la Pauvreté (DSRP ou SCRP) dont l'élaboration et la mise en œuvre sont appuyées par la communauté internationale. Ces pays ont également souscrit dans la plupart des cas à des engagements au titre des Objectifs du Millénaire pour le Développement (OMD). Ces initiatives supposent un suivi rapproché des indicateurs sociaux et économiques dont les résultats doivent permettre un réajustement des stratégies, des politiques et des programmes mis en œuvre pour lutter contre la pauvreté.

1. Organisation sociolinguistique

Le Bénin est habité par une multitude de communautés qui se répartissent en trois grands groupes linguistiques, à savoir :
Le Groupe GBE, numériquement le plus important et comprenant les ethnies

Généralement attribuées à l'aire Adja-Tado (Fon, Aïzo, Goun, Mina, Wèmè, etc.) ;
Le Groupe EDE, comprenant les Yoruba, Nago et apparentés ;

Le Groupe GUR, comprenant la plupart des groupes ethniques de la partie septentrionale du pays (Batonu, Ditamari, Yom, Wama, Natiémi, etc.)

Ces groupes ont élaboré des formes d'organisation sociale variées allant des systèmes de pouvoir centralisé dont le plus élaboré est celui de l'ancien royaume du Danxomè aux sociétés qui peuvent être qualifiées de segmentaires (Nord-Ouest de l'Atacora) en passant par des formes de pouvoir décentralisé (royaumes Wassangari du Nord-Est).
Au Bénin, la langue officielle est le Français. Dans le commerce et les relations internationales le Français et l'Anglais sont les langues utilisées.

2. Relations interafricaines

Le Bénin est membre fondateur du Conseil de l'Entente, de l'UEMOA, de la CEDEAO et de l'UA ;

Le Conseil de l'Entente est une organisation de coopération politique et économique qui regroupe le Bénin, la Côte d'Ivoire, le Burkina-Faso, le Niger et le Togo ;

La Communauté Économique des États de l'Afrique de l'Ouest (CEDEAO) est une organisation créée en 1975, qui vise à renforcer la coopération politique, économique et technique entre tous les États de l'Afrique de l'Ouest ;

L'Union Economique et Monétaire Ouest Africaine regroupe huit pays de l'Afrique de l'Ouest (Bénin, Burkina-Faso, Togo, Niger, Côte d'Ivoire, Sénégal, Mali et la Guinée Bissau) qui ont en commun le F CFA. Son siège est à Ouagadougou (Burkina-Faso) ;

L'Union Africaine (UA) qui regroupe tous les États indépendants d'Afrique.

3. Education

La République du Bénin a toujours réservé une place de choix à l'instruction. Rares sont les villages du Bénin qui ne disposent pas d'une école primaire. Les collèges d'enseignement général et les lycées couvrent la quasi-totalité du territoire national. Ils appartiennent en majorité à l'Etat, mais de plus en plus, des institutions privées s'occupent, aux côtés de l'Etat, de l'éducation au Bénin.
L'Enseignement supérieur pour sa part est marqué par la présence de deux universités publiques (UAC et UniPAR) et quelques établissements privés d'enseignement supérieur.
Le système formel d'éducation en République du Bénin comporte cinq (5) ordres d'enseignement :

L'enseignement maternel d'une durée de 2 ans

L'enseignement maternel touchait environ 68 026 enfants en 2008 contre 39 136 enfants en 2007, soit une augmentation de 28 890 élèves en l'espace d'une année. Cet ordre d'enseignement concerne essentiellement les enfants de la tranche d'âge comprise entre 3 et 5 ans. La sex-ratio dans cet ordre d'enseignement est de 0,97, soit un effectif de 34 592 filles pour 33 434 garçons.
Au cours de l'année 2008, le secteur privé a accueilli 31,6% des enfants de cet ordre d'enseignement contre 29% en 2007. Le nombre d'enseignants est estimé à 1 775 pour 770 écoles.
Le taux brut de préscolarisation est très faible. Il est de 7,6% en 2008 contre 4,5% en 2007. Ce taux est le même chez les filles que chez les garçons (7,6%).

L'enseignement primaire d'une durée de 6 ans

Il présente la plus forte population scolaire et regroupe en principe les enfants de 6 à 11 ans. L'effectif de la population scolarisée était de 1 601 146 élèves en 2008 contre 1 474 206 en 2007, soit un accroissement de 8,6%. La sex-ratio est de 0,82, soit un effectif de 728 987 filles pour 872 159 garçons. En 2006, cet ordre d'enseignement comptait 810 643 garçons contre 663 563 filles.
Le nombre d'enseignants dans cet ordre d'enseignement est passé de 33 643 en 2007 à 35 938 en 2008. Le ratio d'encadrement est passé de 43,8 élèves en moyenne par enseignant en 2007 à 44,6 en 2008. En 2007, les Agents Permanents de l'Etat (APE) représentaient 34% des enseignants contre 32% en 2008 ce qui dénote du non renouvèlement de l'effectif des agents permanents de l'Etat.

Le taux brut d'admission (proportion de nouveaux entrants sur l'effectif de la population de 6 ans) passe de 119,3% en 2007 à 143% en 2008, soit une hausse de 23,6 points par rapport au niveau de 2007. Les garçons présentent un taux brut d'admission de 146,9% supérieur à celle des filles (138,8%). Le niveau élevé de cet indicateur traduit la présence, dans l'effectif, de nouveaux entrants âgés de plus de 6 ans ou de moins de 6 ans. Ce phénomène est plus marqué avec le temps. En effet, en 2001 le taux brut d'admission atteint la valeur de 104,8%. En 2002, ce taux a chuté légèrement et est passé à 102,4%. En dehors de ce cas particulier, on observe une progression régulière de l'indicateur d'année en année jusqu'en 2008.

Le taux d'achèvement connaît une amélioration remarquable passant de 46,2% en 2002 à 66,3% en 2007. On relève que l'accroissement du taux d'achèvement est plus prononcé chez les filles que chez les garçons (respectivement 57,1% contre 34,2% en 2002 et 75,8% contre 56,1% en 2007). En 2008, ce taux chute pour atteindre 60,6%.

Au cours de la période 2006-2008, le taux brut de scolarisation a connu une légère augmentation chaque année. Il est passé de 93% en 2006 à 98,5% en 2007 puis à 104,3% en 2008. Ce taux est plus élevé chez les garçons que chez les filles quel que soit l'année.

L'enseignement secondaire général d'une durée de 7 ans

Il comporte deux cycles (le premier cycle allant de la classe de 6ème à la classe de 3ème et le second cycle allant de la seconde à la terminale). L'enseignement secondaire public général a mobilisé 436 511 élèves en 2007 contre 433 850 en 2006. Dans le secteur privé, l'effectif des élèves en 2005 était de 64 543 élèves, soit 17,09% de l'effectif l'enseignement secondaire général. En 2006, cet effectif était en baisse, soit 56 437 élèves.

Le taux brut de participation dans l'enseignement secondaire général en 2005 était de 31,23%. Cet indicateur se situe à 39,8% chez les garçons et 22,07% chez les filles. En 2006, cet indicateur était de 31,76%, avec 46,59% pour les garçons contre 24,98% pour les filles.

L'enseignement supérieur public

L'effectif des étudiants dans les établissements de l'enseignement supérieur publics a connu une augmentation d'année en année passant de 27 614 étudiants en 2002 à 49 178 étudiants en 2007 soit une augmentation de 78,09%. En 2008, l'effectif des étudiants (46671) a baissé par rapport à l'année 2007. L'Université d'Abomey Calavi compte 88% des étudiants du secteur public en 2008. En 2008, la sex-ratio au niveau de l'enseignement supérieur public est de 0,29 soit environ 3 filles pour 10 garçons. Ce ratio est de 0,29 à l'Université d'Abomey Calavi et de 0,26 à l'Université de Parakou. Le nombre d'enseignants dans les deux universités est passé de 885 en 2007 à 911 en 2008. Les enseignants sont à 90% hommes.

Le ratio étudiants/enseignant a enregistré une baisse de 5 points, passant de 56 en 2007 à 51 en 2008.

Accès des filles à l'éducation

	1999	2000	2001	2002	2003	2004	2005	2006	2007	2008
Ratio fille/garçon										

à l'école (nombre de filles pour 10 garçons)										
Maternel	9.3	9.3	9.3	9.3	9.3	9.3	9.8	10.0	9.8	9.8
Primaire	6.4	6.7	6.8	7.0	7.2	7.5	7.7	10.1	8.2	8.2
Secondaire	4.4	4.6	4.7	4.7	4.6	4.8	5.2	3.5	5.2	5.2
Supérieur	2.5	2.8	2.6	2.2	2.6	2.8	2.8	3.2	3.2	2.9

Source : SSGI/DPP/MESRS

CONCLUSION
Education

Le taux de préscolarisation en 2008 est de l'ordre de 7,6% contre 4,5% en 2007;
La scolarisation a connu un accroissement (le taux brut de scolarisation est passé de 98,5% en 2007 à 104,3% en 2008) ;
Le taux de redoublement est de l'ordre de 16,3% et le taux d'abandon de 11,3% en 2008, ces taux étaient respectivement de 11,4% et 9,2% en 2007.

L'êtas critique d'éducation au Bénin a imposer au Ministère de l'enseignement secondaire ,de la formation technique et professionnelle, de revoir sérieusement le programme d'enseignement, concernant plutôt les méthodes d'enseignement/apprentissage .Le Ministère de l'enseignement secondaire ,de la formation technique et professionnelle à présenter les raisons suivantes:

 « La crise de société qu'illustre l'échec de l'école est à la base des réformes successives du système éducatif depuis les années 60 au Bénin.
 Dans cette optique, des diagnostics ont été posés par les Etats Généraux de l'Education de 1990. Il en est découlé des recommandations qui ont servi de base aux orientations prescrites dans le document cadre de politique éducative. De nombreux actes décisifs sont posés pour agir simultanément sur les intrants à l'école.
 De façon particulière, des mesures déterminantes ont été prises pour changer l'image actuelle de la mathématique, la promouvoir et lui restituer la plénitude de sa fonction de développement durable dans une école autrement conçue et gérée à cette fin car en général, la mathématique est mal perçue, mal enseignée et non exploitée dans la vie. Il convient alors de remédier à la situation. C'est pourquoi la réforme actuelle des programmes de mathématiques s'impose non seulement dans le cadre de la réforme des programmes d'études, mais aussi et surtout en raison des échecs massifs des élèves dans cette matière, de la phobie qu'elle développe à tous les niveaux ;

- n'a pas l'intention d'inventer une nouvelle mathématique, mais de tirer leçon des expériences passées pour promouvoir l'exploration de l'environnement, l'accessibilité au langage et aux instruments mathématiques, la prévision et la planification des activités humaines. En effet, lorsque les besoins sociaux d'une époque dans les domaines scientifiques, économiques, moraux ou politiques cessent d'être satisfaits par l'école du système en place, de nouveaux projets prennent naissance, pour changer les idées, les pensées et les pratiques qui tombent sous le poids de leur inefficacité.

Les programmes de mathématiques du second cycle de l'Enseignement Secondaire prennent en compte non seulement les innovations engagées au cours primaire et au premier cycle, mais aussi les riches expériences acquises dans le cadre du projet d'Harmonisation des Programmes de Mathématiques (H.P.M.) dans les pays francophones d'Afrique et de l'Océan Indien. ».

Annexe 5. ETUDES SUR L'ENSEIGNEMENT DES MATHEMATIQUES. L'ENSEIGNEMENT DE LA GEOMETRIE. VOLUME 5. PREPARE SOUS LA DIRECTION DE ROBERT MORRIS

L'enseignement de la géométrie en Union soviétique (p.101-113)

L. Y.U.Chernysheva, V. V. Firsov et S. A. Teljakovskii

L'enseignement de la géométrie en Union soviétique

Introduction

L'enseignement de la géométrie est probablement le domaine le plus intéressant et le plus controversé de l'enseignement des mathématiques. Là se côtoient les progrès frappants et les échecs de taille, les traditions les plus vétustes et l'expérimentation la plus effrénée. Cet enseignement a, pendant de nombreuses années, fait l'objet de débats qui ont débouché sur les prises de position les plus contradictoires. Certains auteurs jugent parfaitement inutile un enseignement systématique de la géométrie à l'école. D'autres proclament que la géométrie est la matière mathématique la plus importante du programme scolaire. Certains veulent qu'à l'école les cours de géométrie et d'algèbre soient amalgamés. D'autres voudraient les voir séparés par une cloison étanche. Ce qui est clair, c'est que la vague d'expérimentation à tout va qu'on a pu observer dans un grand nombre de pays du monde touche aujourd'hui à son terme. Le moment vient où il va falloir examiner, analyser et comparer les résultats obtenus, les points du vue et les idées.

Historique

Il est impossible d'analyser le système actuel d'enseignement de la géométrie en Union soviétique sans se référer aux travaux de Kiselev(1852-1940), mathématicien et enseignant de tout premier plan dont les manuels de géométrie ont été utilisés pendant des dizaines et des dizaines d'années. La première édition du cours de "Géométrie élémentaire" de Kiselev a paru en 1893. En 1930, il avait déjà été réédité une quarantaine de fois. Amélioré à l'occasion de chaque réédition, c'était encore le manuel de géométrie le plus utilisé dans les écoles dans les années 60. Les lycéens de la promotion de 1976 sont les derniers à avoir appris la géométrie dans le manuel de Kiselev. L'œuvre de Kiseleva indéniablement exercé une influence décisive sur le système d'enseignement de la géométrie dans les écoles soviétiques. Tout nouveau cours, qu'il reprenne la démarche traditionnelle ou qu'il en propose de nouvelles, est inévitablement comparé au cours classique de Kiselev(1980).

Les manuels de géométrie de Kiselev se signalent par le niveau scientifique atteint dans la présentation du matériel - un niveau élevé pour l'époque - et par l'organisation parfaitement rigoureuse de ce matériel, qui en assure la bonne compréhension. Cela tient évidemment à la personnalité de l'auteur. Kiselev possédait les connaissances mathématiques les plus à jour et a toujours été intéressé par les idées nouvelles, en mathématiques comme en pédagogie. C'était tout à la fois un professeur de mathématiques très expérimenté et un travailleur infatigable. Il était loin de rejeter les tendances nouvelles. Aussi a-t-il, au fil des ans, utilisé dans ses livres toute la gamme des innovations qui se sont succédé (axiomatisation totale et axiomatisation partielle, utilisation privilégiée des transformations géométriques pour la démonstration des théorèmes, utilisations variées de l'algèbre, etc.). Son cours de géométrie est peu à peu devenu la norme, la référence constante pour tous les ouvrages qui allaient suivre. Que les autres auteurs aient ou non été d'accord avec lui, que ses thèses aient été acceptées ou rejetées, son manuel a toujours servi de cadre aux débats et aux développements ultérieurs. Les manuels de Kiselev ont été utilisés si longtemps dans les écoles que de nombreuses générations d'enseignants y ont appris la géométrie avant de l'enseigner à leur tour à leurs propres élèves. Cela a permis d'accumuler une expérience pédagogique considérable. Signalons deux atouts supplémentaires : l'efficacité des méthodes d'enseignement ; l'existence d'une riche et judicieuse collection de problèmes où Rybkin allait puiser plus tard pour compiler son célèbre recueil de problèmes (1973). Il fallait vraiment d'excellentes raisons pour s'écarter d'une telle tradition. Le cours de géométrie exposé dans les manuels de Kiselev était une présentation systématique de la géométrie euclidienne traditionnelle. Il commençait par décrire les objets géométriques les plus simples puis définissait leurs propriétés avec plus ou moins de clarté. Pour établir l'égalité de triangles, il recourait à une opération de superposition dont la compréhension était intuitive. Cela servait de base aux développements ultérieurs. L'égalité des triangles était au début du cours le principal outil de démonstration des théorèmes. L'auteur introduisait ensuite les triangles, les parallèles, les quadrilatères, les théorèmes relatifs au cercle, la similitude, les éléments de trigonométrie, les polygones réguliers et le calcul de la circonférence du cercle. Le cours de géométrie plane s'achevait sur la mesure des aires.

Le cours de géométrie des solides était d'une plus grande rigueur logique. L'auteur exposait les axiomes du plan, puis établissait en détail les conséquences logiques de ces axiomes. Le cours de géométrie des solides commençait par l'étude des droites et des plans dans l'espace.

Il abordait ensuite les polyèdres et les sphères. Les formules permettant de calculer les volumes et les aires étaient établies par déduction de façon aussi élémentaire que possible.

La présentation du contenu se caractérisait par sa clarté et son organisation géométrique, les notions étant introduites suivant une succession rigoureuse et de façon systématique. La variété et la pertinence des problèmes posés dans le cours aidaient les élèves à apprendre la théorie moins par l'étude des théorèmes que par la résolution de problèmes associés à ceux-ci. L'emploi du temps prévoyait le nombre d'heures nécessaires à cette tâche. Une telle démarche favorisait le développement de la créativité, de l'intuition géométrique et de l'imagination. Le caractère systématique de la présentation du contenu et le grand nombre de problèmes proposés aux élèves développaient leur aptitude à la pensée logique.

Les manuels de Kiselev n'étaient évidemment pas parfaits. Leurs défauts devinrent plus évidents au fur et à mesure que le nombre d'élèves allant jusqu'au bout de leurs études secondaires augmentait. Le problème dit "de la classe de sixième année" est apparemment celui qui a fait couler le plus d'encre. Les écoliers abordaient l'étude de la géométrie en sixième année d'études et l'expérience montrait que la plupart d'entre eux avaient de la difficulté à assimiler le début du cours. La solution consistait, pensait-on, à élaborer un cours d'initiation à la géométrie à l'intention des élèves des classes précédentes. On a également reproché aux manuels de Kiselev l'insuffisance de rapports avec les manuels d'algèbre des classes correspondantes et l'abus de méthodes élémentaires dans l'établissement des formules des volumes et des aires (à l'époque, les lycéens n'avaient aucune notion de calcul intégral). On a également fait valoir que la présentation quelque peu archaïque du contenu se traduisait par une grande abondance de théorèmes sans importance, cependant que beaucoup de notions importantes de la géométrie moderne, telles que les vecteurs, les coordonnées et les transformations, étaient soit laissées de côté, soit étudiées de façon insuffisamment approfondie. Des efforts furent faits par les rédacteurs scientifiques pour améliorer les manuels, mais sans succès. Au milieu du siècle, l'accélération des progrès de la science et de la technologie, le rôle joué par la science en tant que force productive directe de la société, marquent le début de la révolution scientifique et technique. La politique de l'Union soviétique vise alors à améliorer sensiblement la qualité de l'enseignement universel, de manière qu'il réponde aux besoins de la société moderne. Cette tendance amène simultanément à rendre l'enseignement secondaire obligatoire et à améliorer le contenu scientifique de tous les programmes scolaires. Les années 60 ont vu s'amorcer le processus de réforme scolaire, avec l'introduction de nouveaux contenus d'enseignement adaptés aux impératifs d'une société socialiste avancée. L'enseignement des mathématiques subit alors une réforme en profondeur. Le programme est actualisé. On en élimine tout ce qui est dépassé et l'on met en place un cours nouveau, parfaitement conforme aux besoins contemporains. Mais choisir et améliorer les contenus de l'enseignement des mathématiques est une entreprise de longue haleine, et l'on ne peut dire encore qu'elle ait été pleinement menée à bien. Quant au cours de géométrie, il était nécessaire d'en améliorer sensiblement la composante scientifique et d'en actualiser le contenu, tout en préservant les aspects positifs du système traditionnel. Il fallait étoffer le contenu du cours d'initiation enseigné dans les petites classes pour faciliter la compréhension de l'enseignement dispensé au stade ultérieur.

Deux grandes tendances ont présidé à l'élaboration du nouveau cours de géométrie. La première est liée aux travaux de Kolmogorov, mathématicien soviétique éminent et membre de l'Académie des sciences, qui était responsable de la réforme. Le groupe d'auteurs qui travaillait sous la direction de Kolmogorov (1981) a fourni un travail impressionnant et s'est efforcé d'élaborer un cours de géométrie entièrement nouveau, fondé sur les transformations. La deuxième tendance correspond aux travaux de Pogorelov, un des grands géomètres soviétiques, lui aussi membre de l'Académie des sciences. Pogorelov a pris pour point de départ de son manuel (1984) le cours classique de Kiselev. Il s'est délibérément conformé à la méthode de Kiselev mais en s'attachant à élaborer un système plus rigoureux et plus complet. Le cours de Kolmogorov devait son niveau scientifique à la formalisation axiomatique, à l'analyse approfondie des notions non définies et des notions définies dès le début de l'enseignement de la géométrie, ainsi qu'à l'utilisation des transformations géométriques comme instrument principal de démonstration des théorèmes, surtout au début du cours, bien entendu. A mesure qu'étaient introduits les théorèmes classiques de géométrie métrique, la présentation du matériel devenait de plus en plus traditionnelle. Ajoutons que, dans le cours associé de géométrie des solides, les formules de mesure étaient établies déductivement par l'analyse mathématique. Quand ce cours a été introduit dans les établissements scolaires, l'enthousiasme initial des mathématiciens et des enseignants (enchantés de la structure du cours, d'un grand intérêt mathématique, et inspirés par les idées neuves et élégantes qu'il contenait) a fait place au scepticisme. Au début, ce désenchantement a été interprété comme une simple réaction à l'égard de la nouvelle démarche utilisée et l'on a supposé que les difficultés auxquelles se heurtaient les enseignantsdisparaîtraient lorsque ceux-ci seraient plus familarisés avec le matériel nouveau et plus experts dans son utilisation. Or, les perfectionnements apportés au manuel durant une longue période et son utilisation dans les écoles pendant plus de dix ans, n'ont pas entraîné d'amélioration de la qualité de l'enseignement, contrairement à toute attente. Il semble que ce ne soit nullement un hasard si les choses ont pris cette tournure. Il semble que ce soit l'aboutissement inévitable d'une réforme consistant à introduire à l'école un cours systématique de géométrie fondé sur les transformations. Il est possible d'utiliser les transformations géométriques dès qu'on commence à enseigner la géométrie, mais à condition que des cours informels et fragmentaires aient familiarisé les élèves avec le langage géométrique et développé leur intuition géométrique et leur ait permis d'apprendre quelques théorèmes et quelques formules géométriques. Mais, s'il est par trop systématique, un cours fondé sur cette approche exige un niveau élevé de généralisation théorique qui dépasse la maturité et la capacité de compréhension d'écoliers. Les méthodes traditionnelles de démonstration qui consistaient à construire des séries de triangles égaux ont souvent été jugées arbitraires. Comment un élève peut-il savoir quels sont les triangles dont il doit ensuite démontrer l'égalité ? Ces démonstrations supposent chez l'élève des repères qui lui font défaut. L'algèbre des transformations, elle, permet aux géomètres de calculer simplement les étapes nécessaires à la résolution d'un problème donné. Mais l'élève, qui ne possède pas les mêmes repères que le mathématicien, n'a d'autres ressources pour résoudre les problèmes que de procéder par tâtonnements, guidé par l'intuition, l'analogie et d'autres notions tout aussi vagues. Cette démarche est de nature à développer à la longue les capacités créatrices de son esprit mais ne lui dit pas "comment résoudre" chaque problème particulier. Il est vrai que, dans son excellent ouvrage, Polya (1971) a depuis longtemps répondu à cette question et montré le rôle de l'heuristique dans la recherche de solutions. Qu'elle soit connue (par exemple : étant donné un cercle et une tangente, tracer le rayon qui joindra le centre du cercle au point de contact) ou tout à fait inconnue, l'heuristique forme le noyau invisible de toute une série classique de problèmes du cours de géométrie traditionnel. De façon empirique, pendant des dizaines et dizaines d'années, des générations de professeurs ont choisi les problèmes et les ont classés dans un ordre commode, créant ainsi les méthodes efficaces quoique invisibles de l'enseignement de la géométrie. C'est pour cela que l'enseignement traditionnel de la géométrie a donné de si bons résultats. Cependant, l'ensemble des vieux problèmes s'est révélé dépassé à partir du moment où l'on employait de nouvelles méthodes de démonstration des théorèmes : il fallait alors aussi de nouveaux problèmes, de nouveaux systèmes de problèmes et une nouvelle heuristique. L'élaboration d'une nouvelle collection de problèmes entreprise par les auteurs du cours s'est révélé une toute autre affaire. Il a fallu des années de travail et la longue expérience apportée par le perfectionnement des cours pour arriver à mettre au point un nouvel ensemble de problèmes du niveau requis. Il semble que ce ne soit pas seulement une question d'expérience et de temps. Elaborer un recueil de problèmes adéquats qui permette de dispenser un enseignement systématique et de qualité de la géométrie par les transformations est une tâche impossible. En effet, la quête heuristique de la démonstration n'est possible que si chaque étape de la démonstration est facile. L'effort de l'élève qui cherche la prochaine étape de sa démonstration ne sera imaginatif et réussi que si l'élève aperçoit sans peine cette étape. C'était la même chose avec le cours traditionnel où, à chaque stade de la démonstration, il fallait généralement considérer le triangle suivant, et où la figure à construire, le cas échéant, s'obtenait souvent en joignant simplement deux points par un segment de droite. Pareille démarche n'est pas trop difficile à prévoir ni à exécuter. En outre, il est toujours possible de revenir en arrière et de reprendre à zéro la recherche de la solution. C'est là aussi un trait important du cours traditionnel. Mais s'il faut, par exemple, opérer une transformation symétrique d'un triangle par rapport à un de ses points, il est très difficile, voire impossible à l'élève de se représenter mentalement le résultat de la transformation. La recherche de la démonstration devient dès lors difficile. Il fallait dont s'attendre à ce que le début d'un cours systématique de ce genre, où l'on a recours pour la première fois à une transformation pour démontrer un théorème (et surtout pour résoudre un problème) soit un moment vraiment difficile pour des écoliers âgés de 12 à 13 ans.

C'est ce que l'expérience a confirmé. Aussi, par souci d'efficacité pédagogique, la géométrie scolaire a-t-elle remis à l'honneur le langage des triangles égaux et les problèmes éprouvés de longue date. La pratique a également rejeté une autre innovation de méthode : la définition approfondie et rigoureuse des notions géométriques dès le début du cours systématique. Si l'on considère l'aspect visuel de la géométrie, l'analyse des définitions semble peu importante. Les élèves mémorisent facilement une figure et ses propriétés, alors qu'ils ont du mal à mémoriser la description verbale précise d'un objet quand elle fait référence à des règles qui ne sont pas encore bien claires dans leur esprit. L'analyse des définitions est relativement inefficace à ce stade du développement de l'élève. Il faut d'abord leur enseigner L'enchaînement logique des énoncés, autrement dit le principe même de la démonstration.

En général "définir" est, on le sait, beaucoup plus difficile que "démontrer". Il suffit de se rappeler l'exemple classique de la table : on peut parler d'une table parce qu'on en connaît les propriétés ; mais si l'on cherche à définir ce qu'est "une table" on se heurte vite à des difficultés.

L'enseignement de la géométrie en Union soviétique. Les buts de l'enseignement de la géométrie

L'analyse qui précède porte sur l'enseignement d'une géométrie structurée de façon systématique et les auteurs partent du principe que le cours est un cours construit de façon systématique. Cependant, l'expérience montre que cela ne va pas de soi dans tous les pays. Or il s'agit, pour les auteurs, d'un élément capital qui intéresse directement le but et l'orientation de l'enseignement de la géométrie dans le secondaire.

La géométrie, en tant que science, comporte de nombreux aspects qui sont directement liés au programme scolaire. Les buts de son étude en découlent. Le langage de la géométrie et l'intuition géométrique jouent un rôle décisif dans la compréhension de nombreuses notions qui ne sont pas nécessairement des notions géométriques mais qui sont liées aux mathématiques et aux autres sciences. La géométrie joue un rôle important dans les sciences appliquées, la technologie et la production. Notre existence même est impossible si nous n'avons pas le sens de l'espace et si nous ne possédons pas un minimum de notions géométriques. Enfin, la théorie géométrique a toute chance de se révéler l'outil le plus utile au développement de la pensée logique de l'enfant. Tous ces éléments sont importants, pris isolément et dans leur ensemble ; chacun d'entre eux détermine certains des buts assignés à l'enseignement de la géométrie à l'école. A propos de la géométrie et des finalités auxquelles répond son enseignement, Alexandrov (1980), géomètre soviétique éminent et membre de l'Académie des sciences, écrit : "La géométrie est par essence la combinaison d'une vive imagination et d'une logique rigoureuse qui s'organisent et se guident mutuellement . . . L'enseignement de la géométrie a par conséquent pour fonction de développer chez l'enfant trois qualités : l'imagination spatiale, la compréhension concrète et la pensée logique".

Les deux premiers éléments de cette triade sont fondamentaux. Le troisième prend de nos jours de plus en plus d'importance. A une époque où la science, du fait de la révolution scientifique et technique, est devenue une force productive directe de la société, il est important que les élèves puissent se familiariser avec un exemple de la manière dont est construite une théorie scientifique et avec la méthode scientifique; sinon, leur formation générale serait incomplète.

A cet égard, la géométrie constitue un système scientifique sans égal dans l'histoire du monde civilisé puisqu'à partir de bases claires et simples, et grâce à la méthode du raisonnement (comportant un nombre d'étapes déterminé), elle conduit progressivement à une série de conséquences non triviales qui possèdent un vaste champ d'application. L'enseignement de la géométrie aide donc les lycéens à acquérir une vision scientifique du monde. La géométrie initie les élèves à la méthode scientifique. Elle développe certaines idées sur ce qu'est idéalement la structure d'une science. L'enseignement de la géométrie à l'école en vient de la sorte à jouer un rôle fondamental dans le développement de la pensée théorique et scientifique de l'élève. Par conséquent, dès l'instant où il est admis que favoriser le développement plein et harmonieux de l'élève c'est le préparer à vivre et à travailler dans les conditions qui sont celles de la production moderne, on est inévitablement amené à conclure que la géométrie doit être étudiée à l'école non seulement en tant que contenu utile, mais aussi et surtout en tant que système scientifique. Cette conclusion détermine les aspects les plus importants du système selon lequel la géométrie est enseignée. Ces éléments qui se trouvaient déjà en germe dans le cours de Kiselev, sont concrétisés aujourd'hui dans les écoles soviétiques par un enseignement dont le niveau scientifique est adapté à notre époque.

Le premier de ces éléments est l'existence d'un cours de géométrie de caractère systématique. Ce cours doit naturellement être solidement fondé sur des notions géométriques claires acquises au stade de l'initiation à la géométrie. Cependant, une fois que les élèves ont développé leurs facultés logiques et acquis suffisamment de notions géométriques, ils doivent passer à l'étude systématique de la géométrie.

Autrement dit, il est plus commode d'apprendre la géométrie comme matière à part que dans le cadre d'un cours unique comprenant aussi d'autres matières mathématiques. Ceux qui pensent que les élèves devraient étudier l'algèbre et la géométrie de façon intégrée dans le cadre d'un seul cours invoquent souvent l'unité de la science mathématique et la nécessité d'établir des liens entre différents domaines des mathématiques. Les auteurs sont pour leur part convaincus que l'unité de la mathématique réside essentiellement dans la méthode dont les élèves n'acquièrent qu'une idée rudimentaire. La présentation systématique et progressive du matériel géométrique est certainement beaucoup plus apte à aider les élèves à appréhender la méthode logique qu'une activation artificielle des liaisons entre disciplines. En d'autres termes, si le but est de mieux comprendre l'essence des mathématiques, les liens logiques internes du matériel géométrique lui-même jouent un rôle incomparablement plus important que des liens fragmentaires avec l'algèbre. Cela, bien entendu, ne signifie pas qu'il faille s'abstenir d'évoquer ces liens avec l'algèbre. Bien au contraire. Il peut être fort utile de s'y référer, à condition de respecter les priorités.

L'importance que nous attachons à la formation d'une vision scientifique nous amène à conclure qu'un cours systématique de géométrie doit se fonder sur une axiomatique. Qui plus est, la construction axiomatique doit être complète et rigoureuse, tout au moins pour l'essentiel. S'il y a trop de lacunes et trop de principes qui ne sont ni définis ni démontrés, il n'y a plus de démonstration, et l'élève ne peut ni comprendre la démonstration ni saisir en quoi elle est nécessaire. En effet, si l'on peut s'abstenir de démontrer un nombre croissant de faits, à quoi bon n'en démontrer aucun ? Une présentation lacunaire n'est acceptable que si le but de l'enseignement est de permettre à l'élève de maîtriser des faits isolés. Si son but est au contraire de permettre la compréhension du système dans son ensemble, il n'est pas possible de tolérer dans les démonstrations des lacunes détruisant les liens qui unissent les différents éléments du système.

Une présentation systématique de la géométrie impose un ordre naturel : il est logique d'étudier la géométrie plane avant d'aborder la géométrie des solides. Il est bien entendu séduisant de fondre ces deux géométries en une seule et cette démarche présente même beaucoup d'avantages dans un cours d'initiation. Mais dans le cours systématique, la fusion de la géométrie dans le plan et de la géométrie dans l'espace n'est possible que lorsqu'elle n'est pas en contradiction avec l'enchaînement logique.

La situation actuelle A l'heure actuelle, en Union soviétique, la géométrie s'enseigne à tous les niveaux de l'enseignement secondaire général. Dans l'enseignement primaire (de la première à la troisième année de scolarité), les élèves se familiarisent avec les figures géométriques les plus simples : le point, le segment, le triangle, le rectangle, le cercle, etc. Ils apprennent à identifier ces éléments dans les objets réels, les modèles et les dessins.

Ils apprennent aussi à dessiner les plus simples d'entre eux. Le cours d'initiation à la géométrie de 4ème et 5ème années, propose aux élèves des problèmes plus difficiles. Ils apprennent à identifier et à décrire des figures plus complexes et à se familiariser avec leurs propriétés essentielles. Ils acquièrent ainsi les bases qui leur seront nécessaires lorsque le cours systématique introduira les axiomes. Ils acquièrent également une connaissance élémentaire du dessin et de la mesure de quantités géométriques telles que longueurs, aires et volumes simples.

Le cours systématique de géométrie commence en 6ème année et se poursuit jusqu'à la 10ème. Il y a deux leçons de géométrie par semaine, de 45 minutes chacune. Le cours systématique occupe au total environ 350 leçons.

Dans le cadre de l'étude systématique de la géométrie plane (6ème, 7ème et 8ème années), les élèves acquièrent une connaissance, construite de façon logique, des principales figures de la géométrie plane et de leurs principales propriétés ; ils se familiarisent avec l'égalité et la similitude des figures avec les types fondamentaux de transformations géométriques et leurs applications à la géométrie ; ils apprennent à construire des figures géométriques, ce qui est nécessaire pour le travail graphique, ainsi qu'à mesurer et à calculer des longueurs, des angles et des aires, ce qu'ils ont besoin de savoir pour pouvoir résoudre divers problèmes tant géométriques que concrets ; enfin, ils apprennent à utiliser les outils analytiques (transformations algébriques et équations ; éléments de trigonométrie ; géométrie analytique ; algèbre vectorielle) pour résoudre des problèmes de géométrie.

En 9ème et 10ème années, les élèves acquièrent une connaissance systématique des principaux solides et de leurs propriétés. Ils apprennent à se servir des théorèmes pour représenter dans le plan des figures à trois dimensions et pour calculer les angles et les longueurs, les aires et les volumes. Ils apprennent également à utiliser les méthodes analytiques pour résoudre des problèmes de géométrie dans l'espace (Programme de mathématiques pour l'école de huit ans et pour l'école secondaire, 1984).

Depuis 1982-1983, le manuel mis au point par Pogorelov (1984) a été adopté dans les écoles soviétiques ou il est plus utilisé au niveau national pour l'enseignement de la géométrie. Ce manuel et le cours correspondant sont probablement uniques en leur genre. Le manuel est intéressant à la fois sur le plan mathématique et sur le plan pédagogique.

Sur le plan mathématique, le cours de Pogorelov se fonde sur un système d'axiomes original et complet. Il est intéressant de noter que le système d'axiomes de Pogorelov est assez voisin de l'axiomatique bien connue de Birkhoff, bien qu'il ait été élaboré indépendamment de celle-ci. Pogorelov a construit son système axiomatique pour asseoir sur une base solide la présentation traditionnelle de la géométrie faite par Kiselev. La présentation ultérieure du contenu de base du cours (égalité des triangles, parallélisme, figures, propriétés, etc.) est tout à fait remarquable pour un manuel scolaire et frappe par sa rigueur logique et par le caractère complet des démonstrations. Pour les questions qui ne font pas partie du contenu de base, et pour l'étude des applications, la rigueur est naturellement moindre. Au début du cours, les indications d'égalité des triangles sont l'outil le plus utilisé dans les démonstrations.

Ultérieurement, les coordonnées et les transformations sont introduites.

L'auteur a réussi à trouver certaines solutions mathématiques intéressantes qui simplifient considérablement le cours traditionnel et surtout permettent de l'abréger.

Sur le plan pédagogique, le manuel est conçu de façon à aider l'élève à travailler seul sur le matériel étudié en classe. Cela a permis à l'auteur d'alléger considérablement le manuel qui aujourd'hui compte moins de 300 pages. Le manuel est complété par un nombre suffisant de problèmes et par un système original de questions. Les élèves étudient le matériel traité dans le manuel et répondent ensuite aux questions dans l'ordre où elles sont posées.

Certains aspects strictement mathématiques semblent jouer un rôle pédagogique important. Les démonstrations complètes et d'une précision rigoureuse qui figurent au début du cours, fournissent des exemples de raisonnement logique. Une fois que les élèves ont assimilé ces exemples, ils n'ont plus besoin de démonstrations aussi complètes et peuvent travailler sur un matériel présenté de façon plus condensée. Le fait qu'au début du cours les démonstrations soient très complètes (qu'il s'agisse du contenu théorique ou de la résolution de problèmes) se révèle un puissant facteur psychologique de motivation des élèves qui les amène à comprendre la nécessité de la démonstration dans la suite du cours.

Cependant que les enseignants et les élèves se familiarisent avec le nouveau manuel, d'autres auteurs élaborent de leur côté des manuels répondant aux mêmes finalités, qui font appel aux mêmes principes d'organisation systématique et séquentielle pour présenter, de façon intelligible, un matériel scientifique, en même temps qu'ils établissent une relation entre l'éducation et la vie. Ces manuels seront adoptés si les recherches théoriques et expérimentales montrent qu'ils présentent des avantages appréciables par rapport au manuel de Pogorelov ou, en tout cas, sont aussi bons que celui-ci s'est avéré l'être au bout de cinq ans d'essai.

Références

ALEXANDRA~, A. D. 1980. '0 geometrii' [De la géométrie]. Matematika v shkole

[Les mathématiques à l'école], No. 3.

KISELEV, A.P. 1980. Elemenfamaya geometriya [Géométrie élémentaire]. Moscou, Prosveshchenie.

KOLMOGOROV, A. N. et al. 1981. Geometriya, uchebnoe posobiediye 6-8 Klassov srednei shkoly [Géométrie : Manuel pour les élèves de l'école secondaire de 6e, 7e et 8e années]. Moscou, Prosveshchenie.

POGORELOV, A. V. 1984. Geometriya, uchebnoe posobie dlya 6-10 klassov srednei shkoly [Géométrie : Manuel pour les élèves de l'école secondaire de la 6e à la 10e année]. Moscou, Prosveshchenie.

POLYA, Gyorgy. 1957. Comment poser et résoudre un problème (mathématiques, physique, jeux, philosophie). Paris, Dunod. Traduit par C. Mesnage.

Programmy vosmiletneii srednei shkoly (1984-85 uchebnyi god) Mathematihx [Programmes de mathématiques l'école secondaire (huit années) (année scolaire 1984-1985)]. Moscou, Prosveshchenie.

RYBKIN, N. A. 1973. Sbomik zadach po geometrii : planimetriya [Recueil de problèmes de géométrie : planimétrie]. Moscou, Prosveshchenie Publié en 1987 par l'Organisation des Nations Unies pour l'éducation, la science et la culture 7, place de Fontenoy, 75700 Paris

Composition :

Solent Typesetting Ltd, Otterbourne, Royaume-Uni

Impression :

Imprimerie Floch, Mayenne, France

ISBN 92-3-202373-3

0 Unesco 1987

Oui, je veux morebooks!

I want morebooks!

Buy your books fast and straightforward online - at one of the world's fastest growing online book stores! Environmentally sound due to Print-on-Demand technologies.

Buy your books online at
www.get-morebooks.com

Achetez vos livres en ligne, vite et bien, sur l'une des librairies en ligne les plus performantes au monde!
En protégeant nos ressources et notre environnement grâce à l'impression à la demande.

La librairie en ligne pour acheter plus vite
www.morebooks.fr

VDM Verlagsservicegesellschaft mbH
Heinrich-Böcking-Str. 6-8
D - 66121 Saarbrücken   Telefax: +49 681 93 81 567-9   info@vdm-vsg.de
www.vdm-vsg.de

Printed by Books on Demand GmbH, Norderstedt / Germany